plurall

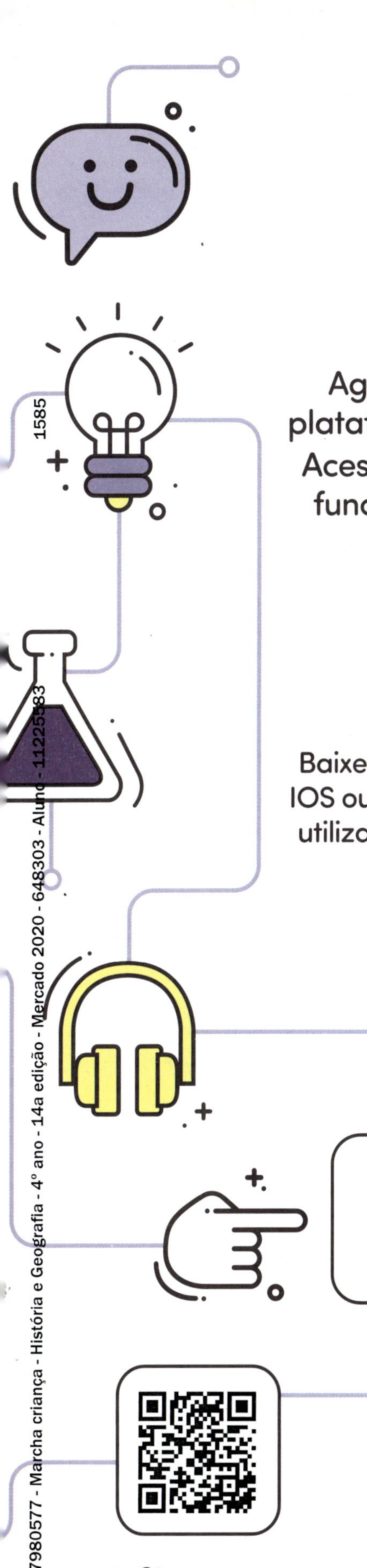

Parabéns!
Agora você faz parte do **Plurall**, a plataforma digital do seu livro didático!
Acesse e conheça todos os recursos e funcionalidades disponíveis para as suas aulas digitais.

Baixe o aplicativo do Plurall para Android e IOS ou acesse **www.plurall.net** e cadastre-se utilizando o seu código de acesso exclusivo:

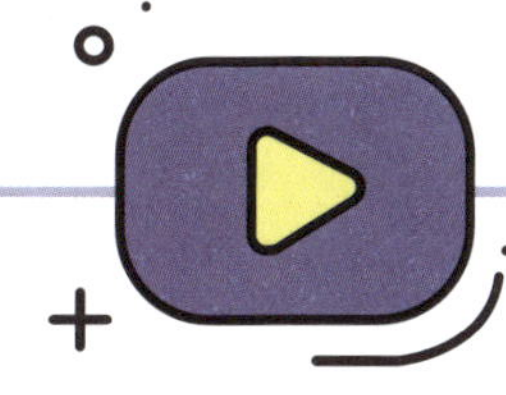

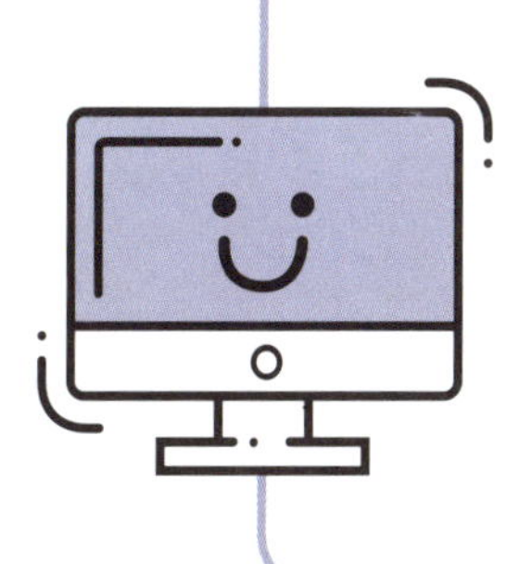

AAPD2DH35

Este é o seu código de acesso Plurall.
Cadastre-se e ative-o para ter acesso aos conteúdos relacionados a esta obra.

 @plurallnet

 @plurallnetoficial

SOMOS EDUCAÇÃO

Maria Teresa Marsico

Licenciada em Letras pela Universidade Federal do Rio de Janeiro (UFRJ).
Pedagoga pela Sociedade Unificada de Ensino Superior Augusto Motta.
Atuou por mais de trinta anos como professora de Educação Infantil e Ensino Fundamental das redes municipal e particular do estado do Rio de Janeiro.

Maria Elisabete Martins Antunes

Licenciada em Letras pela Universidade Federal do Rio de Janeiro (UFRJ).
Atuou durante trinta anos como professora titular em turmas do 1º ao 5º ano da rede municipal de ensino do estado do Rio de Janeiro.

Armando Coelho de Carvalho Neto

Atua desde 1981 com alunos e professores das redes pública e particular de ensino do estado do Rio de Janeiro.
Desenvolve pesquisas e estudos sobre metodologias e teorias modernas de aprendizado.
Autor de obras didáticas para Ensino Fundamental e Educação Infantil desde 1993.

Vívian dos Santos Marsico

Pós-graduada em Odontologia pela Universidade Gama Filho.
Mestra em Odontologia pela Universidade de Taubaté.
Pedagoga em formação pela Universidade Veiga de Almeida.
Professora universitária.

editora scipione

Direção Presidência: Mario Ghio Júnior
Direção de Conteúdo e Operações: Wilson Troque
Direção editorial: Luiz Tonolli e Lidiane Vivaldini Olo
Gestão de projeto editorial: Tatiany Renó, Juliana Ribeiro Oliveira Alves (assist.)
Gestão de área: Brunna Paulussi
Coordenação: Mariangela Secco
Edição: Caren Midori Inoue, Érica Lamas, Erika Domingues Nascimento, Fabiana Lima, Luiza Delamare, Maria Luísa Nacca, Simone de Souza Poiani
Planejamento e controle de produção: Patrícia Eiras e Adjane Queiroz
Desenvolvimento Página +: Bambara Educação
Revisão: Hélia de Jesus Gonsaga (ger.), Kátia Scaff Marques (coord.), Rosângela Muricy (coord.), Ana Curci, Ana Paula C. Malfa, Brenda T. M. Morais, Claudia Virgilio, Diego Carbone, Gabriela M. Andrade, Hires Heglan, Kátia S. Lopes Godoi, Lilian M. Kumai, Luiz Gustavo Bazana, Patricia Cordeiro, Patrícia Travanca, Vanessa P. Santos; Amanda T. Silva e Bárbara de M. Genereze (estagiárias)
Arte: Daniela Amaral (ger.), Claudio Faustino (coord.), Daniele Fátima Oliveira (edição de arte)
Diagramação: Casa de Ideias
Iconografia e tratamento de imagem: Sílvio Kligin (ger.), Denise Durand Kremer (coord.), Iron Mantovanello e Evelyn Torrecilla (pesquisa iconográfica), Cesar Wolf e Fernanda Crevin (tratamento)
Licenciamento de conteúdos de terceiros: Thiago Fontana (coord.), Liliane Rodrigues e Angra Marques (licenciamento de textos), Erika Ramires, Luciana Pedrosa Bierbauer, Luciana Cardoso Sousa e Claudia Rodrigues (analistas adm.)
Ilustrações: Marcos de Mello (Aberturas de unidade), Andréia Vieira, Cassiano Röda, Daniel Rossini, Ericson Guilherme Luciano, Ilustra Cartoon, Ricardo Dantas, Rlima, Thiago Almeida
Cartografia: Eric Fuzii (coord.), Robson Rosendo da Rocha (edit. arte)
Design: Gláucia Correa Koller (ger.), Flávia Dutra (proj. gráfico e capa), Erik Taketa (pós-produção) e Gustavo Vanini (assist. arte)
Ilustração e adesivos de capa: Estúdio Luminos

Avenida das Nações Unidas, 7221, 1º andar, Setor D
Pinheiros – São Paulo – SP – CEP 05425-902
Tel.: 4003-3061
www.scipione.com.br / atendimento@scipione.com.br

Dados Internacionais de Catalogação na Publicação (CIP)

Marcha criança história e geografia 4º ano / Maria Teresa Marsico... [et al.] - 14. ed. - São Paulo : Scipione, 2019.

Suplementado pelo manual do professor.
Bibliografia.
Outros autores: Maria Elisabete Martins Antunes, Armando Coelho de Carvalho Neto, Vivian dos Santos Marsico.
ISBN: 978-85-474-0212-9 (aluno)
ISBN: 978-85-474-0213-6 (professor)

1. História (Ensino fundamental). 2. Geografia (Ensino fundamental). I. Marsico, Maria Teresa. II. Antunes, Maria Elisabete Martins. III. Carvalho Neto, Armando Coelho de. IV. Marsico, Vivian dos Santos.

2019-0101 CDD: 372.89

Julia do Nascimento - Bibliotecária - CRB-8/010142

2023
Código da obra CL 742225
CAE 648303 (AL) / 648302 (PR)
14ª edição
5ª impressão
De acordo com a BNCC.

Impressão e acabamento: Vox Gráfica

Uma publicação

Os textos sem referência foram elaborados para esta coleção.

Marcos de Mello/
Arquivo da editora

Com ilustrações de **Marcos de Mello**, seguem abaixo os créditos das fotos utilizadas nas aberturas de Unidade:

HISTÓRIA – UNIDADE 1: Arbusto: AJerd69/Shutterstock, **Molduras:** 501room/Shutterstock, **Luminária:** Bamidor/Shutterstock, **Tapete:** romiri/Shutterstock, **Suculentas:** smspsy/Shutterstock, **Álbum:** normallens/Shutterstock, **Poltrona:** Alexander Tolstykh/Shutterstock;

HISTÓRIA – UNIDADE 2: Ocas: Nick Fox/Shutterstock, **Papel amassado:** ArtKio/Shutterstock, **Bananeiras:** gan chaonan/Shutterstock, **Espelho:** jocic/Shutterstock, **Planta:** gan chaonan/Shutterstock, **Toras de madeira:** lolloj/Shutterstock, **Textura de madeira:** Photos Public Domain/Domínio Público, **Nuvem:** PurePNG/Domínio Público;

HISTÓRIA – UNIDADE 3: Baú: Ksenia Arseneva/Shutterstock, **Bananeiras:** gan chaonan/Shutterstock, **Telhado:** adistock/Shutterstock, **Barril:** Stepan Bormotov/Shutterstock, **Tapete:** Aerodim/Shutterstock, **Porta:** OSTILL is Franck Camhi/Shutterstock, **Casa:** Ana Clara Tito/Shutterstock, **Toras de madeira:** lolloj/Shutterstock, **Folhas:** Purepng/Domínio Público, **Nuvem:** PurePNG/Domínio Público;

HISTÓRIA – UNIDADE 4: Prédio de tijolinhos: BakerJarvis/Shutterstock, **Conjunto de prédios:** Trodler/Shutterstock, **Barraca:** Denis Semenchenko/Shutterstock, **Bandeiras:** rayjunk/Shutterstock, **Árvores:** Ken StockPhoto/Shutterstock, **Nuvem:** PurePNG/Domínio Público.

GEOGRAFIA – UNIDADE 1: Arbustos: AJerd69/Shutterstock, **Prédio de tijolinhos:** BakerJarvis/Shutterstock, **Casa 1:** MBoe/Shutterstock, **Casa 2:** Scott Prokop/Shutterstock, **Semáforo:** Foto-Ruhrgebiet/Shutterstock, **Prédio rosa:** Dmitry Bakulov/Shutterstock, **Antena:** Potapov Alexander/Shutterstock, **Árvores:** Ken StockPhoto/Shutterstock, **Prédio bege:** BakerJarvis/Shutterstock, **Nuvem:** PurePNG/Domínio Público;

GEOGRAFIA – UNIDADE 2: Arbustos: AJerd69/Shutterstock, **Barracas:** Richard Peterson/Shutterstock, **Cesta de vegetais 1:** nehophoto/Shutterstock, **Cesta de vegetais 2:** margouillat photo/Shutterstock, **Cesta de vegetais 3:** Piyaset/Shutterstock, **Cesta de frutas:** PhotoSGH/Shutterstock, **Carro:** otomobil/Shutterstock, **Textura de asfalto:** amonphan comphanyo/Shutterstock, **Fachada da peixaria:** Claudine Van Massenhove/Shutterstock, **Caminhão de lixo:** Rob Wilson/Shutterstock, **Textura de tijolinhos:** Vladimir Wrangel/Shutterstock, **Prédios:** Trodler/Shutterstock, **Fachada da livraria:** jremes84/Shutterstock, **Árvores:** Ken StockPhoto/Shutterstock, **Nuvem:** PurePNG/Domínio Público;

GEOGRAFIA – UNIDADE 3: Arbustos: AJerd69/Shutterstock, **Prédio de tijolinhos:** BakerJarvis/Shutterstock, **Fusca:** Joseph Skompski/Shutterstock, **Cestas de vegetais:** nehophoto/Shutterstock, **Carro azul:** otomobil/Shutterstock, **Cesta de frutas:** PhotoSGH/Shutterstock, **Fachada do banco:** Gina Stef/Shutterstock, **Carro branco:** Rawpixel.com/Shutterstock, **Viaduto:** Alf Ribeiro/Shutterstock, **Furgão:** JuliusKielaitis/Shutterstock, **Barracas:** Richard Peterson/Shutterstock, **Conjunto de prédios:** Trodler/Shutterstock, : Trodler/Shutterstock, **Semáforo:** Foto-Ruhrgebiet/Shutterstock, **Bicicleta:** Gilang Prihardono/Shutterstock, **Ônibus:** vaalaa/Shutterstock, **Prédio bege:** BakerJarvis/Shutterstock, **Nuvem:** PurePNG/Domínio Público;

GEOGRAFIA – UNIDADE 4: Arbustos: AJerd69/Shutterstock, **Planta:** superbank stock/Shutterstock, **Casa:** MBoe/Shutterstock, **Banco:** Looka/Shutterstock, **Conjunto de prédios:** Trodler/Shutterstock, : Trodler/Shutterstock, **Prédio rosa:** Dmitry Bakulov/Shutterstock, **Árvores:** Ken StockPhoto/Shutterstock.

APRESENTAÇÃO

Querido aluno

Preparamos este livro especialmente para quem gosta de estudar, aprender e se divertir! Ele foi pensado, com muito carinho, para proporcionar a você uma aprendizagem que lhe seja útil por toda a vida!

Em todas as unidades, as atividades propostas oferecem oportunidades que contribuem para seu desenvolvimento e para sua formação! Além disso, seu livro está mais interativo e promove discussões que vão ajudá-lo a solucionar problemas e a conviver melhor com as pessoas!

Confira tudo isso no **Conheça seu livro**, nas próximas páginas!

Seja criativo, aproveite o que já sabe, faça perguntas, ouça com atenção...

... E colabore para fazer um mundo melhor!

Bons estudos e um forte abraço,

Maria Teresa, Maria Elisabete, Vívian e Armando

Marcos de Mello/Arquivo da editora

CONHEÇA SEU LIVRO

Veja a seguir como seu livro está organizado.

UNIDADE

Seu livro está organizado em quatro Unidades. As aberturas são compostas dos seguintes boxes:

Entre nesta roda
Você e seus colegas terão a oportunidade de conversar sobre a imagem apresentada e a respeito do que já sabem sobre o tema da Unidade.

Nesta Unidade vamos estudar...
Você vai encontrar uma lista dos conteúdos que serão estudados na Unidade.

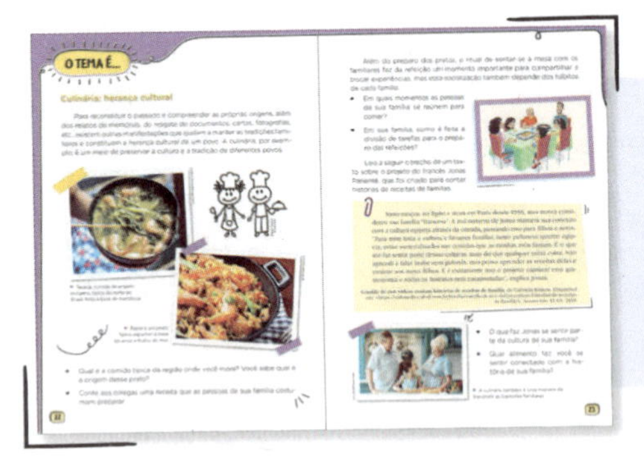

O TEMA É...

Comum a todas as disciplinas, a seção traz uma seleção de temas para você refletir, discutir e aprender mais, podendo atuar no seu dia a dia com mais consciência!

VOCÊ EM AÇÃO

Você encontrará esta seção em todas as disciplinas. Em **História** e **Geografia**, ela propõe atividades práticas e divertidas, pesquisa e confecção de objetos.

AMPLIANDO O VOCABULÁRIO

Algumas palavras estão destacadas no texto e o significado delas aparece sempre na mesma página. Assim, você pode ampliar seu vocabulário.

TECNOLOGIA PARA...

Boxes que sugerem como utilizar a tecnologia para estudar o conteúdo apresentado.

ATIVIDADES

Momento de verificar se os conteúdos foram compreendidos por meio de atividades diversificadas.

Ao final do livro, uma página com muitas novidades que exploram o conteúdo estudado ao longo do ano.

SAIBA MAIS

Boxes com curiosidades, reforços e dicas sobre o conteúdo estudado.

Material complementar

CADERNO DE CRIATIVIDADE E ALEGRIA

Material que explora os conteúdos de História e Geografia de forma divertida e criativa!

CADERNO DE MAPAS

Material que traz novos conteúdos para você aprender mais sobre os mapas e outras representações cartográficas.

O MUNDO EM NOTÍCIAS

Um jornal recheado de conteúdos para você explorar e aprender mais! Elaborado em parceria com o Jornal *Joca*.

Quando você encontrar estes ícones, fique atento!

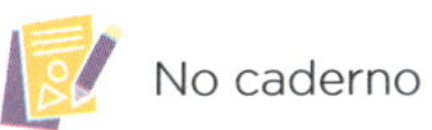 No caderno

 Em dupla

 Em grupo

SUMÁRIO GERAL

HISTÓRIA

GEOGRAFIA

HISTÓRIA

SUMÁRIO

Yuriy Golub/Shutterstock

Edson Grandisoli/Pulsar Imagens

UNIDADE 3 A OCUPAÇÃO COLONIAL PORTUGUESA NO BRASIL 70

UNIDADE 4 TRABALHO ESCRAVO E IMIGRAÇÃO 104

Reprodução/Museu Paulista da USP, São Paulo, SP

Reprodução/Acervo do Instituto de Estudos Brasileiros da USP, São Paulo, SP.

UNIDADE 1

A HISTÓRIA DE CADA UM

Entre nesta roda

- Que lembranças da família estão presentes na ilustração?
- Cite algum objeto que você possui e que traz recordações.

Nesta Unidade vamos estudar...
• A importância da memória na História
• A história que os objetos contam
ÁLBUM DE FAMÍLIA
Marcos de Mello/Arquivo da editora

1 A MEMÓRIA RESGATA NOSSA HISTÓRIA

As pessoas têm diferentes origens, culturas e histórias de vida.

Quando vemos fotos, lemos documentos antigos ou ouvimos histórias de pessoas mais velhas, estamos recuperando lembranças. Por meio delas sabemos como eram os costumes de uma época, por exemplo, e percebemos as mudanças que ocorreram com o passar do tempo.

Leia algumas lembranças da infância de um dos autores deste livro.

As histórias que minha avó contava

Eu era pequeno quando minha avó veio morar em nossa casa. Foi uma felicidade só. Éramos 5 irmãos e a rotina da casa mudou com a chegada dela. Minha avó tinha 90 anos e gostava de costurar. Acho que ela começava cedinho, antes de o sol aparecer, porque enquanto tomávamos o café para ir para a escola ela já estava costurando.

O momento mais aguardado era o cair da noite, quando meu pai voltava do trabalho na ferrovia. A estação ficava perto de casa e todos saíamos correndo, ao ouvir o apito da maria-fumaça.

Após o jantar, comíamos a sobremesa na varanda e ouvíamos as histórias que a vovó contava da época em que ela era criança. Uma vez, antes de começar a história, vovó pediu que não contássemos para nossos pais sobre o dia em que ela atravessou o rio para pegar jabuticaba no sítio do seu Joaquim e teve que correr dos cachorros dele!

Vovó dizia que adorava correr na chuva, pelos prados verdes, entre as flores, onde brincava de esconde-esconde. Mas na cidade era tudo diferente, andavam de charrete ou a cavalo, não havia carros circulando pelas ruas.

Ela tinha uma pequena caixa onde guardava seus tesouros: recordações e fotografias que gostava de mostrar a todos.

Relato do autor, Armando Coelho.

Ricardo Dantas/Arquivo da editora

- Agora, conte aos colegas sobre algum objeto que tem um valor especial para você, que lembre uma história que você viveu.

1 Qual é a importância de valorizar as recordações das pessoas mais velhas?

2 No texto **As histórias que minha avó contava**, de quem são as memórias?

3 O que a avó pediu aos netos que não contassem aos pais?

4 Por que você acha que a avó pediu a eles que não contassem?

Leia agora um relato do médico Drauzio Varella sobre a sua família, de origem espanhola, e sobre como seu avô decidiu vir ao Brasil ainda adolescente.

O pai do meu pai era pastor de ovelhas numa aldeia bem pequena, nas montanhas da Galícia, ao norte da Espanha. Antes de o dia clarear, ele abria o estábulo e saía com as ovelhas para o campo. Junto, seu amigo inseparável: um cachorrinho ensinado.

Numa noite de neve na aldeia, depois que os irmãos menores dormiram, meu avô sentou ao lado da mãe na luz quente do fogão a lenha:

— Mãe, eu quero ir para o Brasil, quero ser um homem de respeito, trabalhar e mandar dinheiro para a senhora criar os irmãos.

Ela fez o que pôde para convencê-lo a ficar. Pediu que esperasse um pouco mais, era ainda um menino, mas ele estava determinado:

— Não vou pastorear ovelhas até morrer, como fez o pai.

Mais tarde, como em outras noites de frio, a mãe foi pôr uma garrafa de água quente entre as cobertas para esquentar a cama dele:

— Doze anos, meu filho, quase um homem. Você tem razão, a Espanha pouco pode nos dar. Vá para o Brasil, terra nova, cheia de oportunidades. E trabalhe duro, siga o exemplo do seu pai.

Meu avô viu os olhos de sua mãe brilharem como líquido. Desde a morte do marido, era a primeira vez que chorava diante de um filho.

[...]

Nas ruas do Brás, de Drauzio Varella. São Paulo: Companhia das Letrinhas, 2000. p. 5.

Ricardo Dantas/Arquivo da editora

Existem muitas razões que levam as pessoas a querer mudar de país, de cidade, buscar outras formas de viver e de se relacionar.

Atividades

1 Leia o texto a seguir.

Ilustra Cartoon/Arquivo da editora

Álbum de família

Quando vovó, que na verdade era a avó da mamãe, veio para nossa casa, trouxe um baú, uma mala-sanfona e uma caixa redonda. E eu fiquei muito curiosa para saber o que a vovó guardava dentro de cada um.

Depois fiquei sabendo: na mala, os vestidos, quase todos de bolinhas ou então azuis. Vovó gostava muito de azul... No baú, o enxoval de vovó, tudo branco, meio amarelado, com bordado ou renda nas beiradas dos lençóis e das toalhas. E retratos, meio marrons, meio amarelos, da vovó quando nova, da minha outra avó – filha dessa avó –, da mamãe quando menina... Mas na caixa redonda havia o maior tesouro que já tinha aparecido lá em casa.

Era uma caixa de guardar chapéu. Tinha chapéu amassado, furado, chapéu de fita, chapéu enfeitado de flor e um chapéu lindo, com passarinho, um alfinete e um véu de tule para cobrir o rosto.

Álbum de família, de Lino de Albergaria. São Paulo: Edições SM, 2015. p. 7, 8, 10.

- Converse com pessoas da família ou conhecidos que tenham mais de 60 anos para saber como eram as roupas, os sapatos e outros objetos usados na época e no lugar onde moravam quando crianças. Escreva abaixo sobre as diferenças entre o passado e o presente.

....

....

....

....

....

2 Leia o texto abaixo.

Em 1949, Francesco veio para o Brasil, deixando para trás uma Itália arrasada pela guerra. Ele veio com muita gente, em busca de uma nova terra com melhores condições de vida.

Em 1973, Joaquina saiu do estado da Paraíba e foi morar em São Paulo. Naquela época, várias pessoas procuravam melhores condições de moradia e trabalho em outras regiões do Brasil.

Durante longo tempo, não só pessoas de outros países vieram para o Brasil, como também muitas das que já moravam aqui se deslocaram de regiões rurais ou de pequenas regiões urbanas para os grandes centros urbanos, principalmente para o Sudeste do país.

Em razão desses deslocamentos, de um país estrangeiro para o nosso país ou de uma região brasileira para outra, muitos membros das famílias brasileiras têm **diferentes origens**.

- É possível conhecer mais da nossa história e descobrir nossas origens por meio do relato de nossos pais, avós, parentes, amigos e vizinhos.

a) Converse com os colegas sobre as origens deles.

b) Entreviste algumas pessoas (familiares, amigos, vizinhos) e preencha o quadro a seguir.

Nome completo: .... Data de nascimento: .... Local de nascimento: ....
Nome completo: .... Data de nascimento: .... Local de nascimento: ....
Nome completo: .... Data de nascimento: .... Local de nascimento: ....

3 Releia o texto da página 12 e responda.

a) O que o avô de Drauzio Varella fazia na Espanha?

....

b) Por que ele decidiu vir para o Brasil?

....

....

....

c) Em sua opinião, o avô de Drauzio Varella tomou uma boa decisão? Por quê?

....

....

....

4 Observe as fotos a seguir.

Arquivo do jornal O Estado de S. Paulo/Agência Estado

Viaduto do Chá (SP), 1892.

Rubens Chaves/Pulsar Imagens

Viaduto do Chá (SP), 2012.

- As imagens mostram o mesmo lugar, com uma diferença de pouco mais de 100 anos. Descreva o que mudou e o que permaneceu na paisagem.

....

....

....

O PRESENTE REFLETE O PASSADO

Veja a **linha do tempo** de Giulia. A menina a dividiu de dois em dois anos. Nela, Giulia mostra algumas experiências muito importantes em sua vida.

Andréia Vieira/Arquivo da editora

Por meio da linha do tempo, é possível organizar os acontecimentos de um período na ordem em que eles ocorreram. Ela também é usada para destacar os eventos mais importantes.

A linha do tempo pode ser dividida de várias formas: de ano em ano, de dez em dez anos, de cem em cem anos, por exemplo.

Brincadeiras de criança

Nos depoimentos a seguir, alguns adultos falam das brincadeiras que faziam quando eram crianças, no passado, e crianças falam de suas brincadeiras atuais, no presente.

Nós brincávamos na rua. Ao cair da tarde, a garotada saía de casa e se juntava: meninos para um lado e meninas para o outro. Nessa parte do dia, a brincadeira favorita das meninas era o pique. Já os meninos não largavam a bola por nada e inventavam mil maneiras de brincar com ela.

Carlos, que nasceu em 1946, ofereceu seu depoimento especialmente para esta obra.

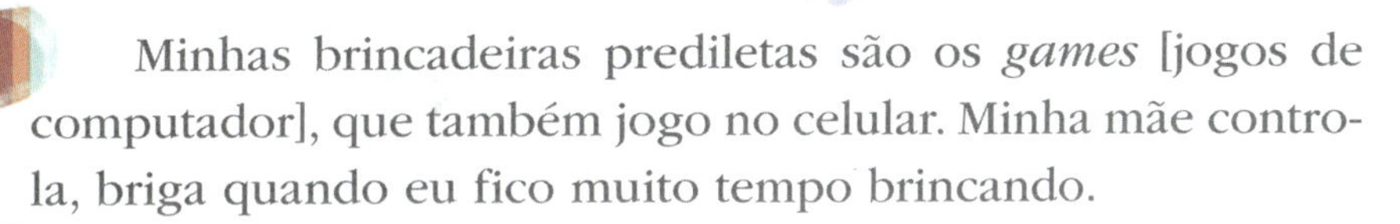

Minhas brincadeiras prediletas são os *games* [jogos de computador], que também jogo no celular. Minha mãe controla, briga quando eu fico muito tempo brincando.

Teve uma vez que eu apaguei a luz, dei boa noite e fui brincar debaixo do cobertor, esqueci de abaixar o som. Fiquei de castigo uma semana sem poder brincar com o celular.

Felipe Carvalho, que nasceu em 2009, tinha 9 anos quando ofereceu o depoimento especialmente para esta obra.

Eu gosto de fazer *slime* em casa. Depois que aprendi, ensinei para minha irmã mais nova e sempre brincamos juntas, cada uma faz a sua e escolhe as cores. Um dia meu tio perguntou: — O que é isso?

E eu respondi: — *slime*.

— Ah tá, e o que é *slime*?

— Geleca, tio!

Letícia Perandin, que nasceu em 2009, tinha 10 anos quando ofereceu o depoimento especialmente para esta obra.

Eu me lembro que, quando era criança, meus pais não me deixavam brincar na rua. O máximo que me permitiam era brincar no quintal nos fundos da casa onde morávamos. Meu pai amarrava uma corda em um dos galhos grossos de uma mangueira e fazia um balanço, colocando um pedaço de madeira para servir de assento. Aí eu pegava minha boneca de pano e ficava horas me balançando e conversando com ela.

Cecília, que nasceu em 1954, ofereceu seu depoimento especialmente para esta obra.

Ilustrações: Ilustra Cartoon/Arquivo da editora

Os antepassados

Mladen Mitrinovic/Shutterstock

Muitas pessoas buscam conhecer mais sobre suas origens, assim como Fernando, que resolveu pesquisar sua história.

Ele falou com os parentes para conseguir algumas informações. Ouviu relatos, consultou **documentos**, como certidões de nascimento, de casamento e até de óbito.

Veja a certidão de casamento dos pais de Fernando.

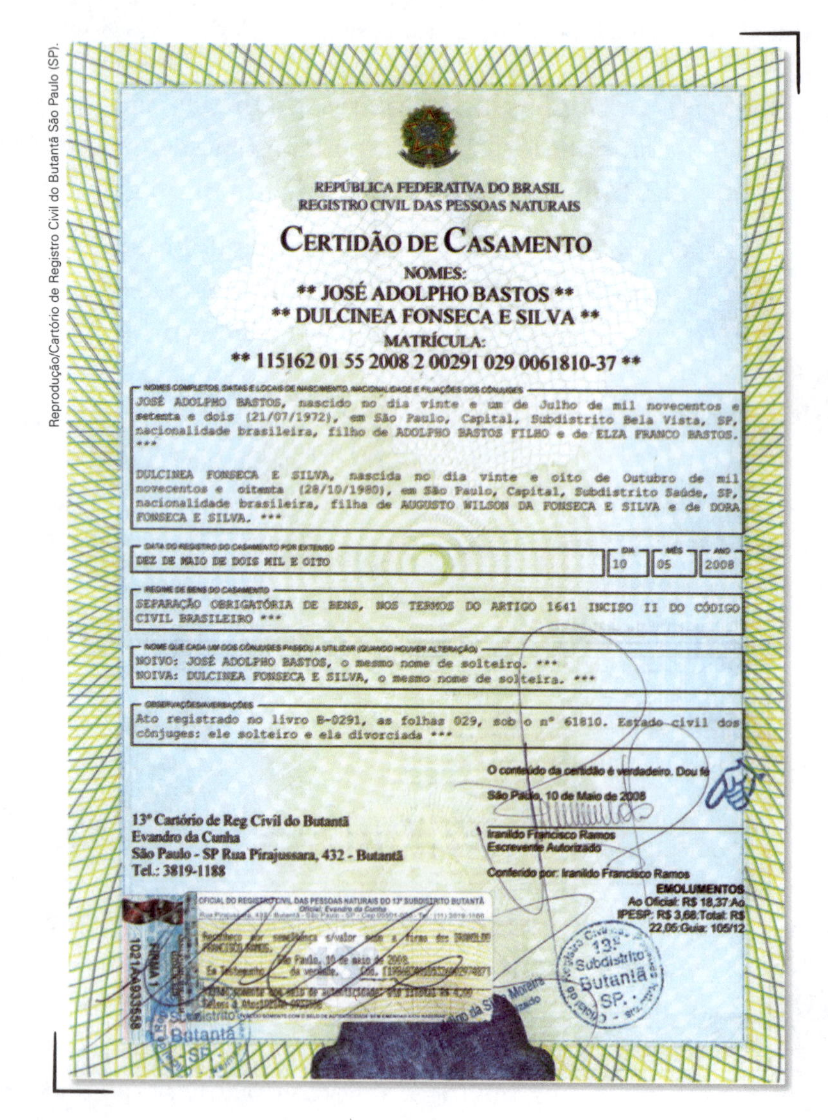
REPÚBLICA FEDERATIVA DO BRASIL
REGISTRO CIVIL DAS PESSOAS NATURAIS

CERTIDÃO DE CASAMENTO

NOMES:
** JOSÉ ADOLPHO BASTOS **
** DULCINEA FONSECA E SILVA **

MATRÍCULA:
** 115162 01 55 2008 2 00291 029 0061810-37 **

NOMES COMPLETOS, DATAS E LOCAIS DE NASCIMENTO, NACIONALIDADE E FILIAÇÕES DOS CÔNJUGES

JOSÉ ADOLPHO BASTOS, nascido no dia vinte e um de Julho de mil novecentos e setenta e dois (21/07/1972), em São Paulo, Capital, Subdistrito Bela Vista, SP, nacionalidade brasileira, filho de ADOLPHO BASTOS FILHO e de ELZA FRANCO BASTOS. ***

DULCINEA FONSECA E SILVA, nascida no dia vinte e oito de Outubro de mil novecentos e oitenta (28/10/1980), em São Paulo, Capital, Subdistrito Saúde, SP, nacionalidade brasileira, filha de AUGUSTO WILSON DA FONSECA E SILVA e de DORA FONSECA E SILVA. ***

DATA DO REGISTRO DO CASAMENTO POR EXTENSO: DEZ DE MAIO DE DOIS MIL E OITO — DIA 10 — MÊS 05 — ANO 2008

REGIME DE BENS DO CASAMENTO: SEPARAÇÃO OBRIGATÓRIA DE BENS, NOS TERMOS DO ARTIGO 1641 INCISO II DO CÓDIGO CIVIL BRASILEIRO ***

NOME QUE CADA UM DOS CÔNJUGES PASSOU A UTILIZAR (QUANDO HOUVER ALTERAÇÃO)
NOIVO: JOSÉ ADOLPHO BASTOS, o mesmo nome de solteiro. ***
NOIVA: DULCINEA FONSECA E SILVA, o mesmo nome de solteira. ***

OBSERVAÇÕES/AVERBAÇÕES: Ato registrado no livro B-0291, as folhas 029, sob o nº 61810. Estado civil dos cônjuges: ele solteiro e ela divorciada ***

O conteúdo da certidão é verdadeiro. Dou fé
São Paulo, 10 de Maio de 2008

Iranildo Francisco Ramos
Escrevente Autorizado

13º Cartório de Reg Civil do Butantã
Evandro da Cunha
São Paulo - SP Rua Pirajussara, 432 - Butantã
Tel.: 3819-1188

Conferido por: Iranildo Francisco Ramos

EMOLUMENTOS
Ao Oficial: R$ 18,37 Ao IPESP: R$ 3,68 Total: R$ 22,05 Guia: 105/12

Reprodução/Cartório de Registro Civil do Butantã São Paulo (SP).

Peça a uma pessoa de sua família para mostrar a você uma certidão de casamento.

- Quais informações podem ser encontradas na certidão?

Com o auxílio de documentos, nós podemos conhecer mais sobre nossa própria história e sobre a história do lugar onde vivemos.

Fernando pesquisou, reuniu um conjunto de fontes de informação e organizou, em uma **árvore genealógica**, a sequência de parentes de sua família. Ele também incluiu a cidade e o estado (ou país) onde cada um nasceu.

árvore genealógica: representação que mostra os nomes e as relações de parentesco entre os membros de uma família.

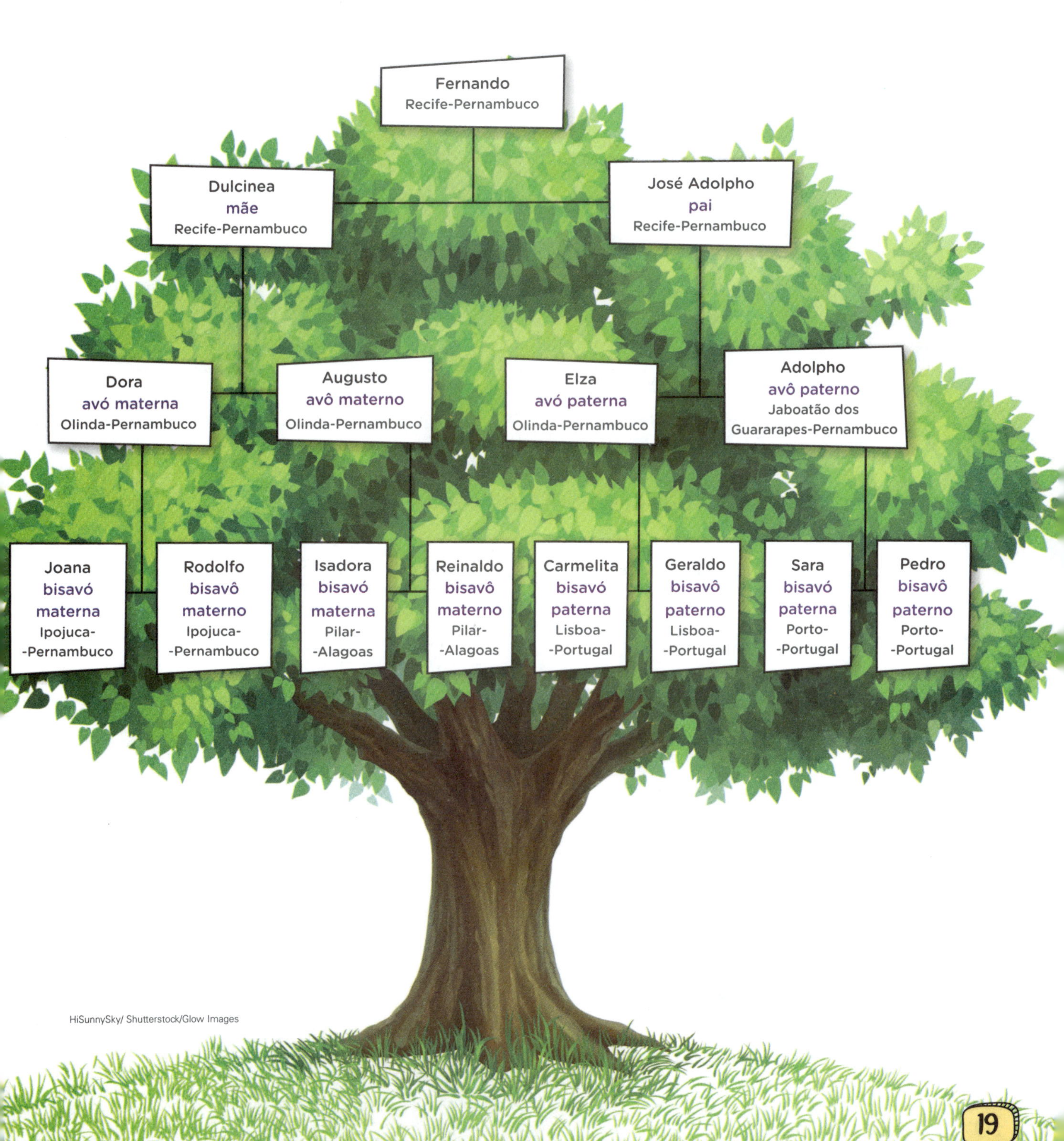

HiSunnySky/ Shutterstock/Glow Images

Atividades

1 Que tal organizar uma linha do tempo desde seu nascimento até o momento presente?

- Faça sua linha do tempo em uma folha avulsa. Se quiser, complemente-a com desenhos e fotos ligados a cada fase da sua vida. Depois de pronta, mostre-a aos colegas.

2 Releia os depoimentos da página 17 e responda às questões a seguir.

a) Você se lembra do que gostava de brincar quando era bem pequeno?

....

....

....

b) Converse com seus familiares para saber quais eram as brincadeiras preferidas deles quando eram crianças.

....

....

....

c) Compare suas brincadeiras com as de seus familiares no tempo em que eles eram crianças. Que semelhanças e diferenças existem?

....

....

....

....

- Converse com os colegas sobre essas questões.

3 Quem são os bisavós? Assinale a resposta correta.

- [ ] São os pais dos nossos pais.
- [ ] São os pais dos nossos avós.
- [ ] São os pais dos nossos tios.

4 Monte a sua árvore genealógica, com o nome dos seus familiares. Você também pode escrever o local onde cada pessoa nasceu, caso tenha essa informação.

eu

mãe

pai

avó materna

avô materno

avó paterna

avô paterno

bisavós maternos

bisavós maternos

bisavós paternos

bisavós paternos

HiSunnySky/ Shutterstock/Glow Images

O TEMA É...

Culinária: herança cultural

Para reconstituir o passado e compreender as próprias origens, além dos relatos de memórias, do resgate de documentos, cartas, fotografias, etc., existem outras manifestações que ajudam a manter as tradições familiares e constituem a herança cultural de um povo. A culinária, por exemplo, é um meio de preservar a cultura e a tradição de diferentes povos.

Tacacá, comida de origem indígena, típica do norte do Brasil, feita à base de mandioca.

Paella é um prato típico espanhol à base de arroz e frutos do mar.

- Qual é a comida típica da região onde você mora? Você sabe qual é a origem desse prato?
- Conte aos colegas uma receita que as pessoas de sua família costumam preparar.

Além do preparo dos pratos, o ritual de sentar-se à mesa com os familiares faz da refeição um momento importante para compartilhar e trocar experiências, mas essa socialização também depende dos hábitos de cada família.

- Em quais momentos as pessoas de sua família se reúnem para comer?
- Em sua família, como é feita a divisão de tarefas para o preparo das refeições?

Ilustra Cartoon/Arquivo da editora

Leia a seguir o trecho de um texto sobre o projeto do francês Jonas Parienté, que foi criado para contar histórias de receitas de famílias.

> Nano nasceu no Egito e mora em Paris desde 1956, mas nunca considerou sua família "francesa". A avó materna de Jonas mantém sua conexão com a cultura egípcia através da comida, passando isso para filhos e netos. "Para mim toda a cultura e herança familiar, tanto polonesa quanto egípcia, estão materializadas nas comidas que as minhas avós faziam. É o que me faz sentir parte dessas culturas, mais do que qualquer outra coisa. Não aprendi a falar árabe nem polonês, mas posso aprender as receitas delas e ensinar aos meus filhos. E é exatamente isso o projeto: capturar essa gastronomia e todas as histórias nela encapsuladas", explica Jonas.

Comida de avó: vídeos contam histórias de receitas de família, de Gabriela Kimura. Disponível em: <https://mdemulher.abril.com.br/familia/comida-de-avo-videos-contam-historias-de-receitas-de-familia/>. Acesso em: 13 fev. 2019.

Yuriy Golub/Shutterstock

- O que faz Jonas se sentir parte da cultura de sua família?
- Qual alimento faz você se sentir conectado com a história de sua família?

A culinária também é uma maneira de transmitir as tradições familiares.

3 OS LUGARES TÊM HISTÓRIA

O lugar onde você vive tem uma história.

No passado, os habitantes adaptaram esse lugar conforme suas necessidades e valores culturais da época. Mas os lugares não são sempre os mesmos: estão em constante mudança para atender às pessoas que o habitam.

Para conhecer um pouco da história do lugar onde vivemos, é possível coletar informações em diferentes tipos de documentos: fotografias, livros, jornais, entrevistas, depoimentos, construções, cartas, obras artísticas, entre outros.

A PLEBE

"A PLEBE" diaria

SUS, PELA ANARCHIA!

PRIMEIRA CONFERENCIA COMMUNISTA DO BRAZIL

Reprodução/Museu da Imigração, São Paulo, (SP)

Jornal paulistano **A Plebe**, em edição de 21 de junho de 1919. Jornais e revistas são documentos importantes para o trabalho de pesquisadores, que podem conhecer aspectos do cotidiano em outros períodos da História.

Reprodução/Coleção particular

Praça da Catedral, atual praça Dom Pedro II, em Maceió (AL), 1915. As fotografias também contribuem para que possamos conhecer a história de um lugar, pois registram transformações na paisagem.

Leia a seguir como, por meio de vários documentos, foi possível reconstituir e conhecer a história de uma importante cidade brasileira.

A história do Rio de Janeiro

Em meados de 1500, uma **expedição** portuguesa que explorava o litoral passou pela entrada de uma **baía**. Os portugueses a princípio imaginaram ser a foz de um grande rio - o que viria a ser desmentido depois - e, como era janeiro, chamaram o local de Rio de Janeiro.

Nesse lugar, habitavam os tamoios. Eles chamavam o local de *Iguáa-mbara*, que significa 'braço de mar', origem da palavra **Guanabara**.

baía: uma porção de mar que entra pela terra do continente por uma abertura relativamente larga.
expedição: viagem para estudar, pesquisar e explorar uma região.

Forte São João

Alexandre Macieira/Tyba

Mapa da baía de Guanabara

Reprodução/Arquivo da editora

Forte Laje

Vitor Marigo/Opção Brasil Imagens

Forte Santa Cruz

Luca Atalla/Pulsar Imagens

Os fortes foram construídos em locais estratégicos para proteger a cidade dos ataques dos franceses e holandeses. Ao centro, mapa da baía de Guanabara, confeccionado por Luís Teixeira no século XVI.

Naquela época, o Brasil era administrado por um governador-geral. O cargo era ocupado pelo português Mem de Sá, enviado ao Brasil em 1558.

Em 1565, o rei português designou Estácio de Sá, sobrinho do governador-geral, para expulsar os franceses que haviam se estabelecido na região e enviou reforços da Capitania de São Vicente para ajudá-lo nessa missão.

Após a vitória dos portugueses, foi iniciada a construção de uma fortificação na entrada da baía de Guanabara, entre os morros Cara de Cão e Pão de Açúcar. Era 1º de março e nascia, assim, a cidade de São Sebastião do Rio de Janeiro.

As transformações no Rio de Janeiro

No século XVI, as ruas eram pequenas trilhas, o que dificultava a locomoção das pessoas de um lugar para outro.

Duzentos anos depois, em 1763, a cidade já havia crescido e a capital do Brasil **colônia** foi transferida para o Rio de Janeiro. Após 1808, com a chegada da família real portuguesa ao Brasil, a cidade foi elevada a capital do Reino. Nessa época o Rio de Janeiro tomou ares de cidade europeia, com grandes **obras arquitetônicas**.

colônia: área explorada por um país com o objetivo de obter lucros.
obras arquitetônicas: edifícios e construções do espaço urbano.

Com a volta da família real para Portugal e a Independência do Brasil, o Rio de Janeiro tornou-se a capital do Império e viveu um período de grande progresso.

Posteriormente, o Rio de Janeiro foi ainda palco de grandes fatos históricos, como a Proclamação da República, em 1889.

Atualmente, o Rio de Janeiro conserva muitas obras de séculos passados, preservando a sua história, como é o caso do Paço Imperial, local de grandes acontecimentos na História do Brasil.

1

Atribuído a Louis Compte/Biblioteca Nacional, Rio de Janeiro, RJ.

2

Diego Grandi/Shutterstock

Construído em 1743, na época do Brasil colonial, o Paço Imperial, localizado no Rio de Janeiro (RJ), já foi casa de vice-reis e sede do governo imperial até a Proclamação da República, em 15 de novembro de 1889. A foto 1 mostra o Paço Imperial por volta de 1840 e a foto 2 mostra o Paço Imperial em 2017.

Agora vamos refletir um pouco sobre o texto que você leu. Esses documentos, construções e objetos são **evidências** de uma coisa que aconteceu.

- Essas evidências conseguem determinar exatamente o que aconteceu no passado? Converse com os colegas.

1 Com base no texto que você acabou de ler, conte com suas palavras como nasceu a cidade do Rio de Janeiro.

....

....

2 Quais documentos você acha que o autor desse texto buscou para escrevê-lo? Cite alguns.

....

....

....

3 Agora é sua vez! Faça uma pesquisa sobre a história de seu município, seguindo as etapas abaixo.

- Entreviste pessoas, procure informações em livros, jornais, *sites* confiáveis, museus, construções históricas e outras fontes.
- O roteiro de perguntas abaixo poderá ajudar na pesquisa.

a) Como se formou seu município? Houve algum fato ou causa conhecidos que motivaram a fundação dele?

b) Qual é a data de sua fundação?

c) Quem foi o fundador do município e de onde ele veio?

- Depois, escreva essa história em uma folha à parte.

4 Pesquise fotos, cartões-postais e outras imagens que mostrem seu município em diferentes épocas e faça um cartaz com o título "Meu município no passado e no presente".

Desenhos que contam história

Observe cuidadosamente cada figura e as legendas que as acompanham.

Rua Direita, litografia colorida à mão, de Johann Moritz Rugendas, século XIX.

O regresso de um proprietário, litografia colorida à mão, de Jean-Baptiste Debret, século XIX.

Mulher mameluca, óleo sobre tela, de Albert Eckhout, 1641.

Até 1839 não existia fotografia. O gravador e a filmadora só foram inventados muito tempo depois. Assim, os **viajantes estrangeiros** que visitavam nossas terras registravam de forma escrita ou por meio de desenhos tudo aquilo que viam.

Alguns textos, desenhos e pinturas desses viajantes estão conservados até hoje. Eles nos ajudam a ter uma ideia de como eram as pessoas e as paisagens no Brasil muitos anos atrás.

Visitantes estrangeiros

Johann Moritz Rugendas
(1802-1858)

Pintor alemão que registrou os povos e os costumes brasileiros.

Auguste de Saint-Hilaire
(1779-1853)

Pesquisador francês, visitou diversas regiões brasileiras, estudando a flora e a fauna do país.

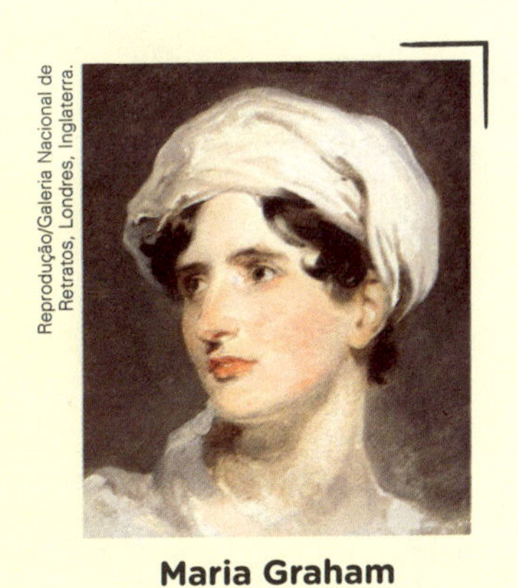

Maria Graham
(1785-1842)

Escritora e pintora britânica, viveu no Rio de Janeiro e registrou suas impressões sobre o Brasil.

Johann Baptist von Spix
(1781-1826)

Carl von Martius
(1794-1868)

Pesquisadores alemães que percorreram grande parte do país coletando espécies da flora e da fauna.

As pinturas e desenhos são documentos que indicam como os artistas e pesquisadores percebiam a época em que viveram. Tudo aquilo que julgavam interessante podia ser registrado, como a paisagem, as plantas, os animais, as roupas, o dia a dia das pessoas, as construções, etc.

Atividades

1 Como nós já vimos, algumas imagens podem ser consideradas documentos históricos, pois elas nos permitem saber como eram, em determinadas épocas, as cidades, a vida das pessoas, a paisagem, entre outros elementos.

a) Observe atentamente a imagem.

The Bridgeman Art Library/Grupo Keystone

Uma cena de rua parisiense, óleo sobre tela, de Francesco Galaup Miralles, 1848-1901.

b) O que você vê nessa imagem?

....

....

c) Converse com seus colegas. Eles observaram algo diferente de você? Quais são essas diferenças?

....

....

2 Escolha um fato interessante sobre o município em que você vive e registre-o no caderno, descrevendo-o por meio de um texto. Se quiser, você também pode usar desenhos e fazer colagens.

3 Agora, complete o quadro abaixo com informações sobre o município onde você nasceu.

Nome do município:

Localização

Estado: País:

Data da fundação:

História do município

No passado:

No presente:

4 Procure fotos, desenhos ou pinturas de outro município do seu estado que não seja aquele em que você vive.

a) Cole-os em uma folha à parte, indicando o nome do município.

b) Escreva na folha alguns dados sobre o município que você achou interessante.

c) Mostre sua pesquisa aos colegas e observe as pesquisas deles. Alguém escolheu o mesmo município que você?

VOCÊ EM AÇÃO

Construindo um papagaio de papel

Papagaio, pipa, arraia, quadrado, pandorga... são muitos os nomes dados a esse brinquedo. Ele é muito antigo, tem mais de 2 mil anos!

Além de fazer parte da infância de muitas gerações, o papagaio é um brinquedo presente em todo o mundo.

Material necessário

- uma folha de papel de seda
- uma folha de jornal
- linha
- fita adesiva
- tesoura com pontas arredondadas

Rubens Chaves/Acervo do fotógrafo

Como fazer

1 Dobre a folha de papel de seda como indicado na ilustração. Corte um pedaço da ponta.

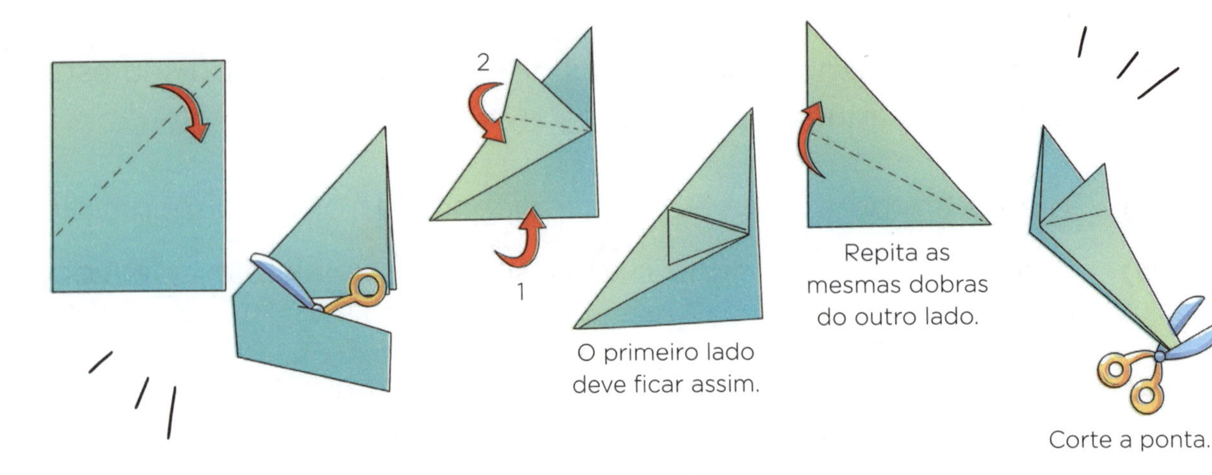
2
1
O primeiro lado deve ficar assim.
Repita as mesmas dobras do outro lado.
Corte a ponta.

Ilustra Cartoon/Arquivo da editora

2 Recorte duas tiras bem finas da folha de jornal e cole-as na ponta do papagaio, no lado oposto ao que você cortou – elas serão a rabiola do papagaio.

3 Corte um fio de linha de 50 centímetros e prenda suas pontas nas laterais do papagaio. Amarre o restante da linha de pipa a esse fio, como indicado na ilustração.

4 Para fazer o papagaio voar, posicione-se contra o vento e peça a ajuda de um colega para soltá-lo. Controle a posição do papagaio por meio da linha, soltando-a ou recolhendo-a de acordo com a situação. Atenção: Você **não** deve soltar papagaio onde houver postes e fios elétricos nem usar linha com cortante!

Ilustrações: Ilustra Cartoon/Arquivo da editora

Fonte: **Méga Expériences**. Paris: Nathan, 1995. p. 130-131.

5 Convide pessoas da sua família para soltar papagaio com você e registre esses momentos de forma escrita ou por meio de fotos.

BRASIL: A POPULAÇÃO INDÍGENA

Entre nesta roda

- Quais povos estão sendo retratados na cena?
- Quais características você consegue perceber em cada um deles?
- Como podemos conhecer os povos e culturas do passado?

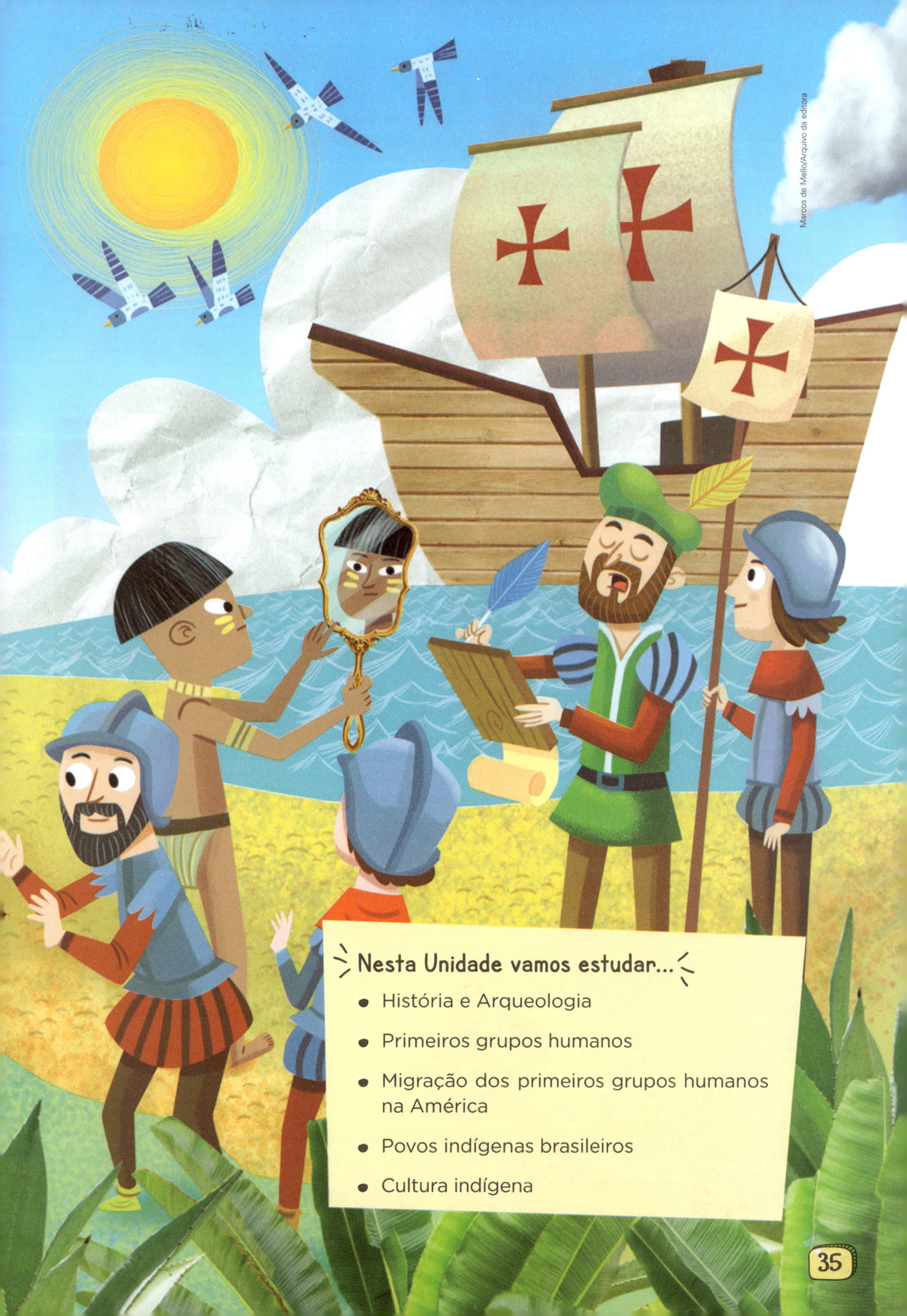

Nesta Unidade vamos estudar...

- História e Arqueologia
- Primeiros grupos humanos
- Migração dos primeiros grupos humanos na América
- Povos indígenas brasileiros
- Cultura indígena

4 A PESQUISA SOBRE OS POVOS ANTIGOS

Como é possível saber como viviam os primeiros povos que habitaram o planeta se esses povos ainda não tinham desenvolvido uma forma de escrita?

Observe as imagens a seguir e, depois, converse sobre elas com o professor e os colegas.

Leopoldo Kaswiner/Imagembrasil

Pintura rupestre do sítio arqueológico do Parque Nacional da Serra da Capivara, em São Raimundo Nonato (PI), 2009.

Ricardo Azoury/Pulsar Imagens

Arqueólogos trabalhando em uma escavação em Ubirici (SC), 2016.

Os historiadores tentam descobrir, por meio da análise de **documentos**, como era a vida dos primeiros grupos humanos que habitaram o planeta.

Ricardo Nogueira/Folhapress

Vestígios arqueológicos com ossadas de animais e peças de porcelana encontrados durante escavação para construção de linha de metrô em São Paulo (SP), 2009.

arqueólogos: profissionais que estudam a origem dos seres humanos, sua evolução e suas características por meio de escavações, documentos, monumentos, fósseis e objetos deixados por antigos grupos humanos.

documentos: para os historiadores e arqueólogos, os documentos podem ser registros escritos ou outras fontes, como ruínas, instrumentos, pinturas em rochas e vestígios de fogueira, por exemplo.

Os arqueólogos também pesquisam os povos antigos. Eles fazem isso por meio de uma ciência chamada **Arqueologia**, que estuda a vida e a cultura de povos antigos a partir de vestígios arqueológicos.

Alguns dos principais sítios arqueológicos brasileiros ficam no Parque Nacional da Serra da Capivara, no estado do Piauí.

Evelyn Calimam Sampaio/Shutterstock

Arqueólogos em uma escavação no Parque Nacional da Serra da Capivara (PI), em 2017.

Saiba mais

Museu da Natureza

Na década de 1970, a pesquisadora Niède Guidon, acompanhada de uma missão arqueológica francesa, iniciou seu trabalho na serra da Capivara, no estado do Piauí.

Essa missão trouxe como resultado a criação do Parque Nacional da Serra da Capivara. Atualmente, o sítio arqueológico da Serra da Capivara é o mais importante das Américas.

Ricardo Teles/Pulsar Imagens

Museu da Natureza, inaugurado em 19 de dezembro de 2018 no município Coronel José Dias (PI).

Recentemente fundado, o Museu da Natureza está localizado ao lado do Parque Nacional da Serra da Capivara e tem inúmeras atrações: recursos audiovisuais e interativos transportam o público para milhões de anos atrás, até a era glacial (Você sabia que o Piauí, um dos estados mais quentes do Brasil, já foi coberto de gelo?).

Os visitantes também podem usar óculos virtual e passear pelos cânions da região, uma experiência muito próxima do real. São doze salas com exposições diversas, entre as quais, fósseis de animais gigantes como a preguiça e felinos de dente de sabre.

Os primeiros grupos humanos

Como vimos, historiadores e arqueólogos se dedicam a estudar as origens do ser humano.

Para facilitar seu estudo, a História é dividida em períodos de tempo. O período anterior à invenção da escrita é chamado de **Pré-História**. Os fósseis, assim como objetos e pinturas rupestres, são as principais fontes para o estudo dos grupos humanos que viveram nesse período.

Johann Brandstetter/Album/Akg-images/Fotoarena/Coleção particular

[...] nossos ancestrais viviam da coleta de frutos e raízes, da caça e da pesca, migrando de uma região para outra em busca da sobrevivência. A alimentação de todo um grupo dependia da habilidade em enfrentar grandes animais, como o mamute.

Adaptado de: **Atlas histórico: geral e do Brasil**, de Cláudio Vicentino. São Paulo: Scipione, 2011. p. 18-19.

Pintura rupestre é o nome que se dá às pinturas feitas pelos humanos sobre a superfície rochosa.
O município de Lagoa Santa (MG) é considerado um dos sítios arqueológicos mais importantes do continente americano. Nesse sítio foi encontrado, em 1975, um dos mais antigos fósseis humanos, com cerca de 11 mil anos, batizado de Luzia. Tal descoberta ajuda a conhecer um pouco mais os primeiros habitantes das Américas.
A descoberta do uso do fogo [...] trouxe mudanças significativas nos hábitos alimentares. Foi fundamental também para aquecer os acampamentos [...]. Bem mais tarde, permitiu o trabalho com os metais, o que levou à transformação da produção de armas e de instrumentos agrícolas.
Romulo Fialdini/Tempo Composto/Museu Nacional, Rio de Janeiro, RJ.
Daniel Rosini/Arquivo da editora

Há cerca de 12 mil anos, nenhum dos grupos humanos que viveu nas terras que hoje formam o Brasil conhecia ou tinha um sistema de escrita. Mas os pesquisadores descobriram, por exemplo, que eles faziam pinturas para representar os animais que caçavam e outras atividades, como danças e rituais.

As pinturas eram feitas em grutas ou paredes rochosas, com os próprios dedos ou usando gravetos e folhas. As tintas podiam ser obtidas das próprias rochas: os pigmentos coloridos, como o vermelho e o amarelo, vinham do minério de ferro; o preto, do manganês. Misturado com cera de abelha, resina de árvores ou ovos de animais, o pigmento virava tinta.

Tanto no Brasil como em outros lugares do mundo são os vestígios deixados pelos povos antigos que nos ajudam a conhecer a sua história.

Patrick Aventurier/Getty Images

Pinturas rupestres na caverna de Chauvet, na França. Encontrada em 1994, a galeria guarda uma série de pinturas consideradas as mais antigas já feitas pelo ser humano (mais de 30 mil anos atrás) e impressionam pela complexidade artística.

Renato Soares/Pulsar Imagens

Vale das Perdidas (MT), 2009. Os desenhos feitos nas rochas das cavernas geralmente eram figuras de animais e seres humanos.

Fabio Colombini/Acervo do fotógrafo

Objetos de pedra (pilão e machado) encontrados no sítio arqueológico de Cabaceiras (PB). A pedra foi muito usada para a confecção de objetos. Ao longo do tempo, os primeiros grupos humanos passaram a fabricar armas, ferramentas e utensílios mais aperfeiçoados para a caça, como pontas de lança de pedra lascada e machados de pedra polida.

Saiba mais

Como trabalham os arqueólogos?

Os arqueólogos são cientistas que estudam documentos muito diferentes dos documentos escritos: são pedras, objetos, pinturas em rochas, vestígios de fogueiras há séculos apagadas. Todos esses são documentos de povos que viveram muitos e muitos anos atrás naqueles lugares em que se encontram os vestígios. Em muitos casos, foram povos que não deixaram documentação escrita e cujos hábitos podem ser conhecidos através de análises que os arqueólogos fazem desses materiais.

Cada grupo humano se comporta, pensa, trabalha e se distrai de maneira toda sua: as técnicas de fabricar instrumentos de trabalho, as maneiras de preparar os alimentos, de plantar, as roupas que as pessoas vestem, os ornamentos que usam, tudo isso faz parte da sua maneira de viver, de sua cultura.

Ricardo Azoury/Pulsar Imagens

Arqueólogos trabalhando em sítio arqueológico, em Salgueiro (PE), 2011.

Quando um povo desaparece e os objetos que ele usava são encontrados, eles passam a constituir vestígios dos quais podemos tirar informações.

[...]

Cada mínimo detalhe tem sua importância, pois é um elemento de valor para reconstruir um modo de vida definitivamente extinto. Um objeto isolado de pouco serve se não conhecemos as condições do meio ambiente correspondentes ao período estudado. Por isso o trabalho arqueológico não pode ser feito por amadores ou colecionadores de objetos arqueológicos. Somente todo o conjunto de uma pesquisa torna possível o conhecimento da cultura e da história daquele povo pré-histórico.

Essa não será uma história de fatos acontecidos, mas será a história da forma como os grupos culturais se relacionaram com o meio ambiente em que moravam. Será a história das mudanças na maneira que tinham de fazer suas casas, seus objetos, suas comidas, suas armas, e como usavam o meio ambiente, e como se autorrepresentavam em pinturas rupestres pré-históricas.

Como trabalham os arqueólogos?, de Anne-Marie Pessis. **Ciência Hoje das Crianças,** 30 abr. 2001. Disponível em: <http://chc.org.br/como-trabalham-os-arqueologos/>. Acesso em: 9 abr. 2019.

- Imagine que você é historiador ou arqueólogo e encontrou os vestígios abaixo. Observe com atenção as imagens e, depois, escreva uma legenda explicando aquilo que você constatou.

Andre Dib/Pulsar Imagens

....

....

....

Delfim Martins/Pulsar Imagens

....

....

....

Romulo Fialdini/Tempo Composto/Museu Paraense Emílio Goeldi, Belém, PA.

....

....

....

Andre Dib/Pulsar Imagens

....

....

....

A importância da escrita para a História

Com a invenção da escrita, o ser humano passou a registrar um número cada vez maior de informações. A escrita **cuneiforme** foi o primeiro sistema de escrita humana. Ele foi desenvolvido na Mesopotâmia, por volta do ano 3000 a.C.

Araldo de Luca/Corbis/Getty Images

Placa de argila com escrita cuneiforme. As inscrições eram feitas com objetos resistentes e pontiagudos, em formato de cunha.

New York Public Library/Science Source/AGB Photo Library

Mapa Ga-Sur, confeccionado pelos babilônios há cerca de 4500 anos. Representava o vale de um rio, provavelmente o rio Eufrates, na região da antiga Mesopotâmia. O artefato foi encontrado no atual Iraque em 1930.

Os **hieróglifos egípcios** e o sistema de escrita **suméria** são outros exemplos de sistemas antigos de escrita.

Bridgeman Images/Keystone Brasil/ Vale dos Reis, Tebas, Egito.

Hieróglifos em tumba egípcia, cerca de 1567-1320 a.C.

Com o passar do tempo, o ser humano foi aprimorando a sua maneira de se comunicar por meio de símbolos, até chegar a formatos mais elaborados, como o nosso alfabeto atual.

O nosso alfabeto surgiu com a evolução do sistema greco-romano que, por sua vez, incorporava alguns sinais criados pelos fenícios. Ele é chamado de alfabeto latino e nasceu na península Itálica, por volta do século VI a.C. Hoje é utilizado em quase todos os países ocidentais.

Ilustra Cartoon/Arquivo da editora

O alfabeto fenício é formado por 22 símbolos e a leitura é realizada no sentido da direita para a esquerda.

Saiba mais

Como surgiu o alfabeto?

A origem da escrita se perde na História e o sistema utilizado hoje pela maioria dos países ocidentais é resultado de inúmeras **metamorfoses** ao longo do tempo. Tudo indica que sua versão mais antiga surgiu na Fenícia (atual Líbano), entre os anos 1400 e 1000 a.C. Esse abecedário ancestral teria se inspirado nos hieróglifos, a escrita egípcia em que as ideias eram representadas por desenhos mas que, possivelmente, usava também sinais para sílabas. [...] No século VIII a.C., esse sistema foi assimilado e ligeiramente modificado pelos etruscos, povo que vivia no norte da Itália – e logo emprestado pelos vizinhos romanos, que praticamente definiram as letras como são usadas hoje.

metamorfoses: transformações.

Como surgiu o alfabeto?. **Mundo Estranho.** Disponível em: <https://super.abril.com.br/mundo-estranho/como-surgiu-o-alfabeto/>. Acesso em: 10 abr. 2019.

Fenícios e etruscos

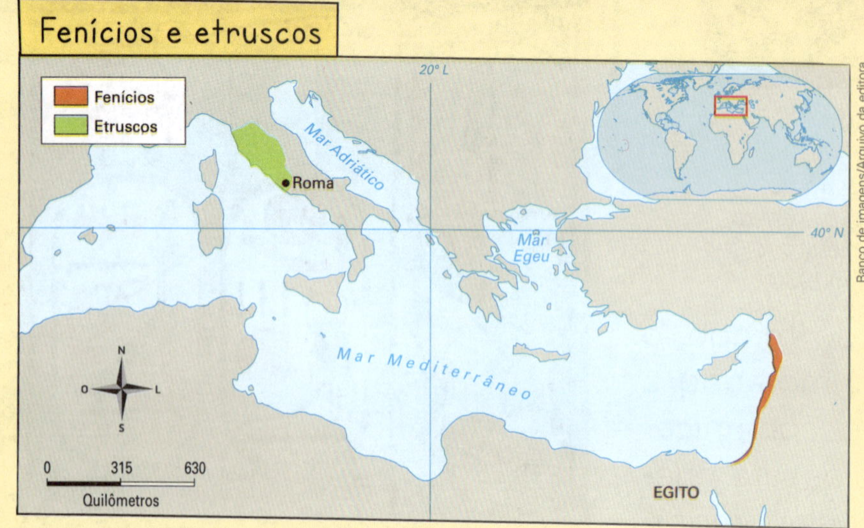

Banco de imagens/Arquivo da editora

Fonte: elaborado com base em **Atlas histórico Duby**, de Georges Duby. Larousse, 2016. p. 30, 31 e 42.

A tradição oral

Antes de surgir a escrita, as sociedades transmitiam o conhecimento às gerações seguintes oralmente. Muitos povos passaram a adotar algum sistema de escrita, e então ficou muito mais fácil registrar e transmitir conhecimentos. Porém, outras sociedades continuaram a existir mesmo sem a escrita - e esse é um dos motivos pelos quais a tradição oral é algo fundamental: ela garantiu a preservação de diversas culturas.

Nas sociedades de tradição oral as fontes históricas não são documentos escritos, mas relatos orais que passam de geração em geração.

Os indígenas brasileiros, por exemplo, são povos que transmitem seu conhecimento por meio de lendas e de outros relatos orais.

Da mesma forma, muitas das tradições africanas são conhecidas até hoje porque continuam sendo transmitidas oralmente de pais para filhos.

Fabio Colombini/Acervo do fotógrafo

Mulheres da etnia guarani mbya contando histórias sobre o milho guarani para as crianças. Aldeia Kalipety, no bairro de Parelheiros, São Paulo (SP), 2017.

Tradição oral africana

Os iorubas são originários da África, estando presentes, atualmente, nos territórios da Nigéria, do Benin e do Togo.

Esse povo, assim como outros povos africanos, preserva sua cultura por meio da tradição oral.

Milhares de iorubas foram trazidos como escravos para o Brasil durante a colonização e aqui ficaram conhecidos como nagôs.

Leia, a seguir, a história da mitologia ioruba que explica a criação do mundo.

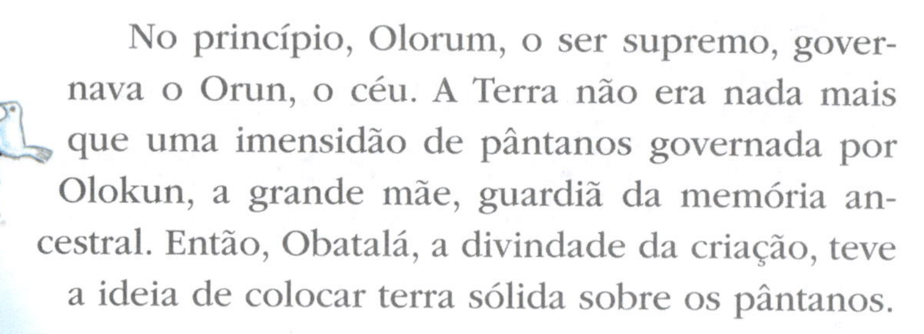

Ricardo Dantas/Arquivo da editora

No princípio, Olorum, o ser supremo, governava o Orun, o céu. A Terra não era nada mais que uma imensidão de pântanos governada por Olokun, a grande mãe, guardiã da memória ancestral. Então, Obatalá, a divindade da criação, teve a ideia de colocar terra sólida sobre os pântanos.

Instruído por Orunmila, divindade das profecias e do destino, Obatalá trabalhou quatro dias e construiu Aiyê, o nosso mundo, com montanhas, campos e vales. Para que o novo lugar tivesse vida, Olorun criou o Sol, enviou uma palmeira de dendê e fez chover, para que a árvore brotasse. Surgiram as florestas e os rios.

Para povoar o lugar, Obatalá modelou os humanos no barro com a ajuda de Oduduá, com quem formou o casal propulsor da vida. Terminados os bonecos, colocaram neles o emi, o sopro da vida. A primeira cidade em que os humanos viveram se chamava Ifé. Obatalá voltou ao Orun e contou a novidade aos òrìsà.

Os òrìsà (ou orixás) são seres divinos que personificam os elementos da natureza e são indispensáveis ao equilíbrio e à continuidade da vida. Eles foram viver com os humanos, e Olorum os orientou: só haveria harmonia se os orixás ouvissem os humanos e os orientassem – eles seriam seus protegidos.

A harmonia em Ifé ficou monótona, e as pessoas passaram a desejar casas maiores e colheitas mais férteis. Pediram a Olorum, que alertou que o fim desse equilíbrio traria conflitos. O povo insistiu e Olorum deu o que pediam. A cidade se encheu de contrastes. Incapazes de dialogarem, as pessoas se separaram em tribos.

Como é a mitologia ioruba?. **Mundo Estranho,** 11 jul. 2016. Disponível em: <https://super.abril.com.br/mundo-estranho/como-e-a-mitologia-ioruba/>. Acesso em: 10 abr. 2019.

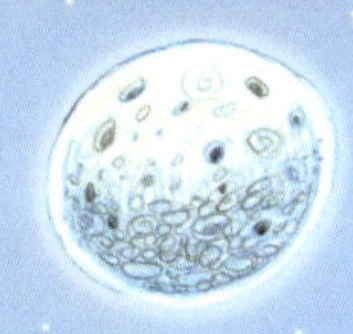

Tradição oral indígena

O fato de não possuir um sistema de escrita para registrar sua cultura, suas tradições e seus costumes não significa que um povo não seja capaz de evoluir social e culturalmente.

Leia o relato abaixo, que mostra como os indígenas brasileiros criaram histórias capazes de instruir as novas gerações com os conhecimentos adquiridos pelos mais velhos.

Por meio dos relatos orais, o conhecimento não se perde e pode ser compartilhado com os demais membros da comunidade.

Os índios vivem em aldeias no meio da floresta e são rodeados por muitos bichos. No seu cotidiano, realizam tarefas como a caça, a pesca, a lavoura, além de participarem de festas e rituais em homenagem aos seus deuses: a chuva, o Sol, a Lua e outros seres inanimados da natureza. E por falar em Sol e Lua, como você já sabe, o céu tem um papel muito importante para os índios: é usado como referência para planejarem as atividades do dia a dia. Por isso, desde pequenos os índios já sabem como funcionam os ciclos solar e lunar e a posição de certas estrelas no céu. E não é a geometria, a física nem a matemática que os ajuda a identificar o movimento e a posição dos astros. São as lendas e os mitos de cada tribo que ensinam aos índios tais conhecimentos!

À noite, as crianças sentam ao redor de uma fogueira e ouvem as histórias contadas pelos mais velhos. As lendas são divertidas e temperadas de muita imaginação – índios que falam com animais, estrelas que caem na Terra, guerreiros que vão para o céu. [...]

As lendas também falam da origem da posição de algumas estrelas no céu. Os índios identificaram principalmente aquelas que são visíveis a olho nu, localizadas na Via Láctea. As duas constelações mais importantes para os indígenas são a da Ema Branca e a do Tinguaçu. Têm esses nomes porque suas figuras lembram dois grandes pássaros formados por um conjunto de estrelas da Via Láctea [...]. Os índios notaram que eles nunca estão juntos no céu. Pois quando é verão no hemisfério Sul, a constelação do Tinguaçu fica visível. Já no inverno, é a Ema Branca que aparece. Ou seja: pelas constelações podem também identificar as principais estações do ano.

Vale lembrar que os índios não possuem registros escritos e, em geral, são os mitos e as lendas de cada tribo que repassam a cultura desse povo ao longo dos anos. [...]

O papel das lendas e mitos na cultura indígena. **Ciência Hoje das Crianças**. Disponível em: <http://chc.org.br/o-papel-das-lendas-e-mitos-na-cultura-indigena/>. Acesso em: 10 abr. 2019.

Ricardo Dantes/Arquivo da editora

Atividades

1 A História é dividida em períodos. A que período corresponde a Pré-História?

....

....

....

....

2 Leia o texto a seguir.

A escrita hieroglífica é um sistema que usa figuras e símbolos chamados hieróglifos em vez de letras e palavras. Quando falamos em hieróglifos, quase sempre nos lembramos dos antigos egípcios. Contudo, outros povos, como os maias, usaram sistemas de escrita semelhantes a esse.

Cada símbolo da escrita hieroglífica é chamado de hieróglifo. A palavra "hieróglifo" significa "entalhe sagrado". Os egípcios inscreviam os hieróglifos nas paredes de seus templos e monumentos públicos, entalhando-os na pedra ou pintando-os na madeira e em outras superfícies lisas.

Gerard Degeorge/Bridgeman Images/Keystone Brasil

Detalhe de uma rocha com hieróglifos egípcios.

Os hieróglifos foram usados de muitos modos. Alguns eram representações diretas. Por exemplo, o Sol podia ser representado por um círculo grande com um círculo menor no centro. Outros hieróglifos representavam ideias associadas à figura. O sinal para "Sol" podia servir também para "dia". Os hieróglifos eram capazes de simbolizar ainda sons ou grupos de sons específicos.

[...]

Hieróglifo. **Britannica Escola.** Disponível em: <https://escola.britannica.com.br/levels/fundamental/article/hier%C3%B3glifo/481495>. Acesso em: 10 abr. 2019.

- De acordo com o texto, marque as frases abaixo com (**V**) verdadeiro ou (**F**) falso.

☐ A escrita hieroglífica foi um sistema usado somente pelos egípcios.

☐ A escrita hieroglífica era formada por letras.

☐ Os hieróglifos eram entalhados na pedra ou pintados em superfícies lisas.

3 Observe as imagens abaixo.

Bridgeman Images/Keystone Brasil/ Templo de Karnak, Karnak, Egito.

Inscrições egípcias em parede do Templo de Amon, cerca de 1991-1786 a.C.

Ralph Rainer Steffens/Bridgeman Images/Keystone Brasil

Fragmento da parede da torre de vigia, com escritos em latim clássico, cerca de 330 a.C.

- Na sua opinião, qual a diferença entre transmitir informações por meio de desenhos e por meio de palavras?

....

....

....

4 Qual é a importância da tradição oral para a História?

....

....

5 Comente com os colegas alguma história que você conhece que tenha sido transmitida oralmente.

5 OS PRIMEIROS HUMANOS DAS AMÉRICAS

Há muitas dúvidas sobre o modo como ocorreu o povoamento do continente americano. Os cientistas concordam que o ser humano não se originou na América, mas que migrou para o continente em algum momento da História.

A principal teoria acredita que alguns grupos **nômades** teriam atravessado o estreito de Bering – que liga o norte do continente americano com a Ásia – há 20 mil anos. Segundo os pesquisadores, esses grupos teriam migrado para o sul do continente, chegando inclusive ao Brasil, há cerca de 12 mil anos.

nômades: aqueles que não estabelecem moradia fixa, pois retiram sua subsistência da natureza, praticando caça e coleta.

Outras pesquisas, realizadas no Parque Nacional da Serra da Capivara (PI), encontraram alguns artefatos que os cientistas acreditam ter mais de 50 mil anos, além de pinturas rupestres que estimam ter mais de 40 mil anos. Entretanto, a hipótese de que o ser humano possa ter chegado à América há tanto tempo não é amplamente aceita pela comunidade científica.

Dispersão dos grupos humanos e povoamento da América

Fonte: elaborado com base em **Atlas histórico**, de Georges Duby. Estella: Larousse, 2016. p. 14-15.

Atividades

1 Observe algumas pinturas realizadas durante o período pré-histórico do Brasil.

Alcides Falanghe/Acervo do fotógrafo

Pintura em rocha no Parque Nacional da Chapada Diamantina (BA).

Aureliano Müller/Folhapress

Pintura em rocha no Parque Nacional da Serra da Capivara, em São Raimundo Nonato (PI).

a) Descreva o que cada pintura parece representar.

Imagem 1:

....

....

Imagem 2:

....

....

....

b) Na sua opinião, o que os povos antigos queriam expressar por meio dessas pinturas?

....

....

....

....

2 Leia o texto a seguir, que explica a teoria mais aceita sobre o povoamento das Américas, e, depois, faça o que se pede.

Um estudo feito a partir de DNA fóssil, com amostras dos mais antigos esqueletos encontrados no continente [americano], confirmou a existência de um único grupo populacional ancestral de todas as etnias da América.

Os dados [...] mostram que todas as populações da América descendem de uma única população que chegou ao Novo Mundo pelo estreito de Bering há cerca de 20 mil anos.

Pelo DNA, é possível confirmar a afinidade dessa corrente migratória com os povos da Sibéria e do norte da China.

[...]

Os descendentes da corrente migratória ancestral que chegou pela América do Norte se diversificaram em duas linhagens há cerca de 16 mil anos.

Os integrantes de uma das linhagens cruzaram o istmo (pequena porção de terra) do Panamá e povoaram a América do Sul em três levas consecutivas e distintas.

[...]

Os dados genéticos mostram que o povo de Luzia [que viveu na região da atual cidade de Lagoa Santa, em Minas Gerais] tem forte conexão com a cultura Clóvis, uma linhagem de humanos que fez o trajeto norte-sul há cerca de 16 mil anos.

Não se sabia até então que esse grupo havia migrado para o sul. Essa população, no entanto, não perdurou por muito tempo.

"A partir de cerca de 9 mil anos atrás ela desaparece, sendo substituída pelos ancestrais diretos dos grupos indígenas que habitavam o Brasil durante o período colonial", indica o estudo. Não são conhecidos os motivos que levaram ao desaparecimento dos grupos Clóvis.

Novo rosto de Luzia: estudo desmonta teoria de migração para América. **Agência Brasil.** Disponível em: <http://agenciabrasil.ebc.com.br/geral/noticia/2018-11/novo-rosto-de-luzia-pesquisa-desmonta-teoria-sobre-migracao-ancestral>. Acesso em: 10 abr. 2019.

a) Explique, com suas palavras, como os povos indígenas surgiram no território brasileiro.

b) Faça uma pesquisa sobre o povo de Luzia, mencionado no texto, que viveu na região da atual cidade de Lagoa Santa, em Minas Gerais.

Os povos indígenas brasileiros

Em 1500, quando os portugueses chegaram às terras que hoje formam o Brasil, encontraram a população originária local, os indígenas, que possuíam um modo de vida muito diferente do europeu.

No decorrer da ocupação, o contato entre os estrangeiros e os nativos levou ao extermínio de várias sociedades indígenas: muitos índios foram mortos pelos colonizadores durante a ocupação do território; outros foram vítimas das doenças trazidas pelos europeus.

Os povos indígenas não deixaram registros escritos contando a sua história, por isso a conhecemos por meio de relatos dos europeus, de pesquisas arqueológicas e de tradições dos indígenas atuais.

Indígenas em sua cabana, litografia colorida à mão de Johann Moritz Rugendas, cerca de 1835.

Os indígenas viviam em agrupamentos chamados pelos portugueses de **aldeias**.

Cada aldeia tinha um líder, um chefe que tomava as decisões nas guerras e em diversas situações – em muitos lugares era conhecido como **cacique**.

Estima-se que, naquela época, 4,5 milhões de indígenas habitavam o território brasileiro. Eles pertenciam a diferentes etnias. Os primeiros contatos dos portugueses ocorreram com indígenas que viviam no litoral.

No início, o interesse dos portugueses pelas terras recém-descobertas tinha um objetivo puramente comercial: extrair produtos que pudessem ser comercializados na Europa. Por esse motivo, a Mata Atlântica, presente no litoral, foi amplamente explorada pelos portugueses para extração de madeira, o que causou a devastação de grandes áreas.

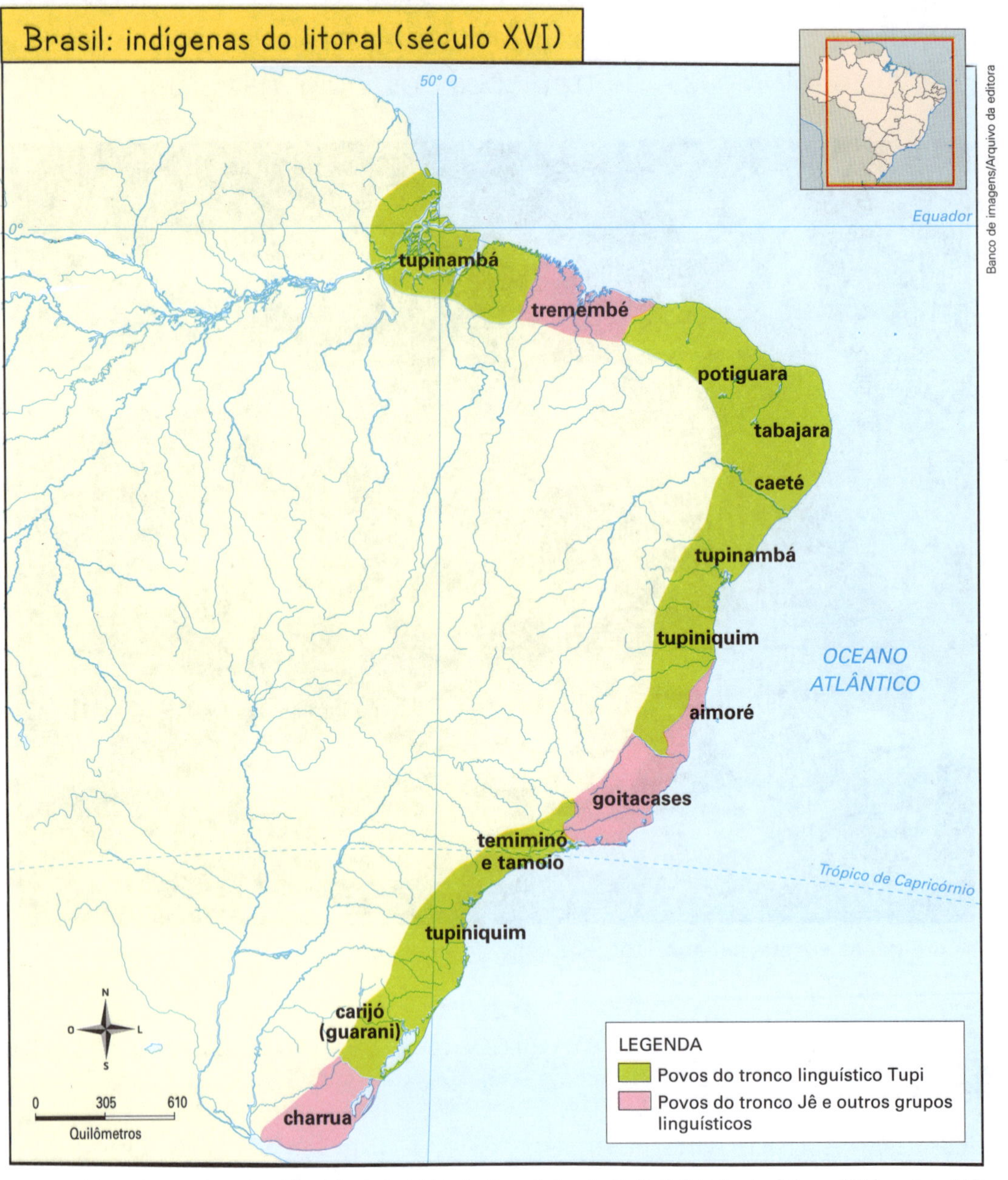

Fonte: elaborado com base em **História da América Latina**, de Leslie Bethell. São Paulo: Edusp, 1998. v. 1. p. 103; **Atlas histórico escolar**, de Manoel M. de Albuquerque, Arthur C. F. Reis, Carlos D. de Carvalho. Rio de Janeiro: Fename, 1978. p. 10.

1 Quem os portugueses encontraram quando chegaram às terras que posteriormente foram chamadas de Brasil?

....

....

2 Qual era o interesse dos portugueses pelas terras descobertas?

....

....

....

3 Assinale as afirmativas verdadeiras.

☐ Antes da chegada dos portugueses, já havia outros povos habitando o território.

☐ Conhecemos a história dos povos indígenas pelos relatos europeus, pelas pesquisas arqueológicas e pela tradição dos indígenas atuais.

☐ O contato entre os colonizadores e os nativos sempre foi pacífico.

- Agora reescreva as afirmativas falsas, corrigindo-as.

....

....

....

....

....

6 A CULTURA INDÍGENA

De forma geral, os povos que aqui viviam acreditavam em vários deuses, enquanto os portugueses acreditavam em um único deus. A diferença de credo é um exemplo de **diferença cultural**. Nas aldeias, o pajé exercia o papel de líder religioso e curandeiro, e essa função existe ainda hoje entre os indígenas.

Muitos povos indígenas tinham hábitos como dormir em redes, andar nus (ou quase nus) e enfeitar-se com penas coloridas, dentes de animais, sementes e pinturas feitas com tintas extraídas de vegetais. Eles confeccionavam diferentes tipos de ferramenta: arco, flecha, lança, **tacape**, **zarabatana** e utensílios de cerâmica. Alimentavam-se da carne de animais que caçavam, de peixe, frutas, milho, mandioca e palmito, por exemplo.

Rômulo Fialdini/Tempo Composto/Museu Paraense Emílio Goeldi, Belém, PA.

tacape: arma confeccionada pelos indígenas, semelhante a uma pequena espada.
zarabatana: arma de sopro, geralmente feita de bambu, usada por tribos indígenas.

Romulo Fialdini/Tempo Composto/Museu do Ceará, Fortaleza, CE.

Instrumentos e utensílios indígenas.

Reprodução/Museu Nacional da Dinamarca, Copenhague, Dinamarca.

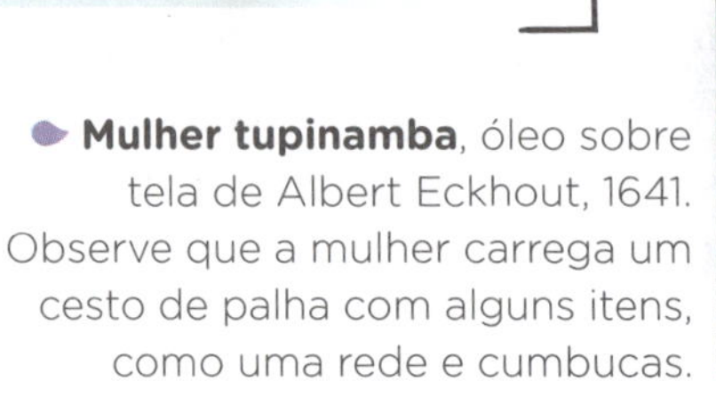

Mulher tupinamba, óleo sobre tela de Albert Eckhout, 1641. Observe que a mulher carrega um cesto de palha com alguns itens, como uma rede e cumbucas.

As tarefas eram distribuídas entre os membros da aldeia. As mulheres cozinhavam, plantavam e cuidavam das crianças. Os homens caçavam, pescavam e defendiam a aldeia. As crianças aprendiam essas tarefas com os mais velhos.

Edson Grandisoli/Pulsar Imagens

Alguns costumes indígenas foram preservados até hoje, como danças, rituais, hábitos alimentares e crenças religiosas. Na foto, avó e neto do povo Desano, no município de Manaus (AM), 2013.

Nos dias de hoje, as aldeias são diferentes das de antigamente e os indígenas não vivem mais em ocas: a maioria possui casas de madeira e alvenaria. Os indígenas, em especial os mais jovens, também estão adquirindo hábitos da vida contemporânea, como usar telefone celular e internet. Ao mesmo tempo, no Brasil ainda existem povos indígenas que vivem isolados, sem nenhum contato com não índios. Esses povos recebem proteção especial de órgãos como a Fundação Nacional do Índio (Funai).

Segundo o Instituto Brasileiro de Geografia e Estatística (IBGE), em 2010 havia 817,9 mil pessoas declaradas indígenas vivendo no Brasil, pertencentes a mais de 300 etnias. O Instituto também apurou que existem mais de 250 línguas indígenas faladas.

Os indígenas têm grande preocupação em manter suas tradições e cultura. A maior parte deles vive em Terras Indígenas ou reservas, que são áreas reconhecidas pelo governo para uso da população indígena. Mesmo tendo direito a esses territórios, os povos indígenas precisam lutar contra fazendeiros, garimpeiros, **grileiros** e **posseiros** que tentam invadir suas terras e ameaçam constantemente sua sobrevivência. Também há indígenas que não vivem em aldeias, mas em cidades ou em áreas rurais.

grileiros: pessoas que falsificam documentação de terras que não lhes pertencem.
posseiros: pessoas que tentam ocupar ilegalmente as Terras Indígenas.

Como podemos observar no mapa abaixo, a maior parte das Terras Indígenas está concentrada na região Norte do país.

Fonte: elaborado com base em Localização e extensão das Tis (Terras Indígenas). **ISA (Instituto Socioambiental)**. Disponível em: <https://pib.socioambiental.org/pt/Localiza%C3%A7%C3%A3o_e_extens%C3%A3o_das_TIs>. Acesso em: 25 fev. 2019.

1  Hoje, os povos indígenas enfrentam muitos problemas, como a invasão de suas terras, a falta de acesso aos serviços de saúde e a discriminação. Com o auxílio de livros, jornais, revistas e da internet:

a) procure mais informações sobre os problemas que os povos indígenas brasileiros enfrentam atualmente.

b) escolha um povo indígena específico e faça uma pesquisa sobre sua história e cultura.

- Anote as principais informações em seu caderno e, em sala de aula, converse com seu professor e colegas sobre o que encontrou.

2 A língua portuguesa incorporou inúmeras palavras de origem indígena. Veja algumas influências dessa cultura:

Alimentos	Animais	Nomes de lugares
caju	arara	Curitiba
mandioca	gambá	Niterói
maracujá	sabiá	Paraíba

- No estado onde você mora, existem municípios cujos nomes são de origem indígena? Se a resposta for afirmativa, escreva o nome de alguns deles.

....

....

....

....

....

3 Leia o texto e observe o mapa a seguir.

Existem povos que não falam mais suas línguas?

[...] Essa é a situação de alguns povos indígenas no Brasil atual. Em 1550, logo após a ocupação portuguesa, o número de línguas era muito maior: cerca de 1300 línguas diferentes. Mas muitas delas desapareceram durante a colonização; outras continuam ameaçadas ainda hoje.

Fonte: **Povos Indígenas do Brasil Mirim**. Disponível em: <https://mirim.org/linguas-indigenas>. Acesso em: 10 abr. 2019.

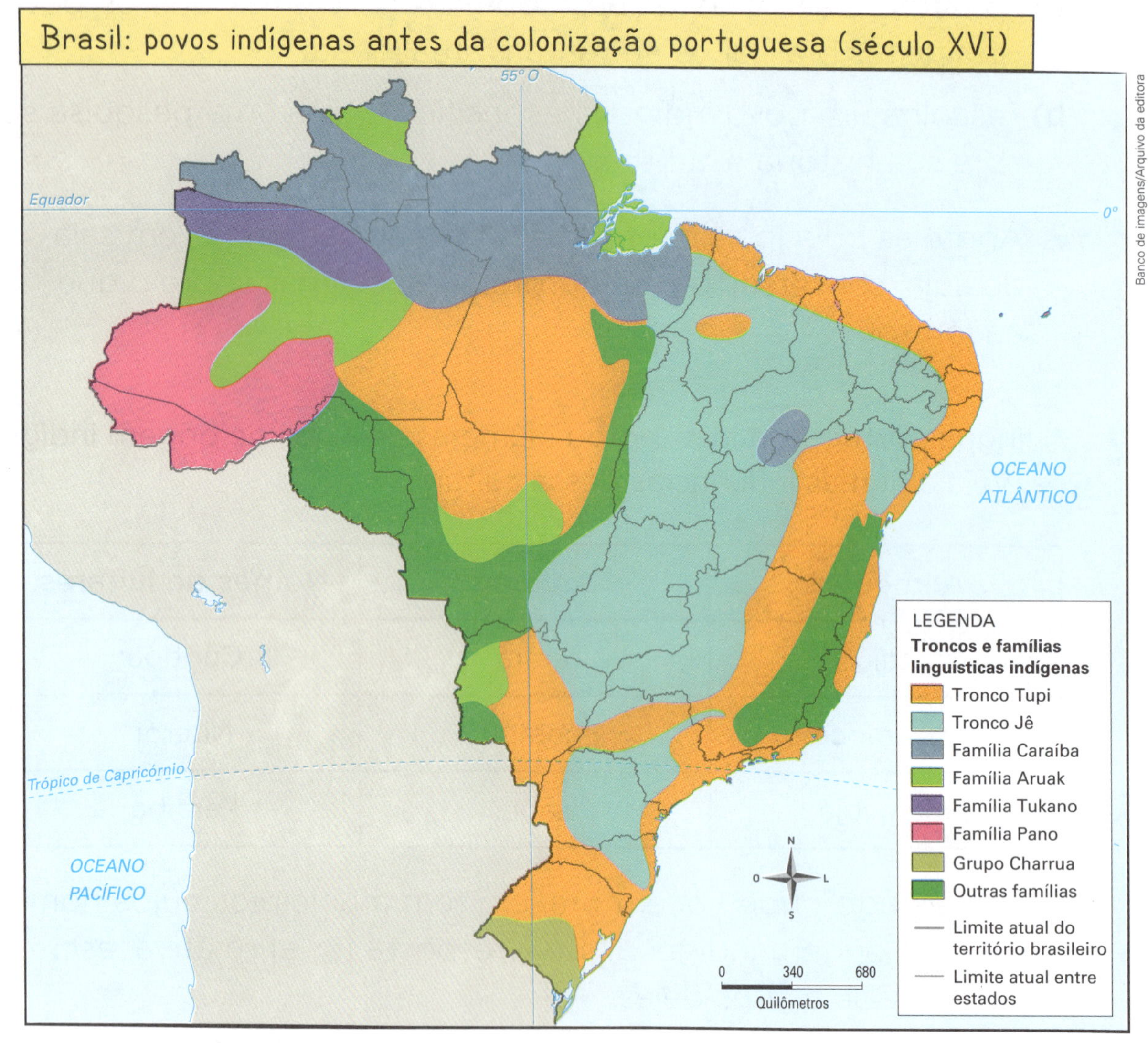

Brasil: povos indígenas antes da colonização portuguesa (século XVI)

Fonte: elaborado com base em **Atlas histórico: geral e do Brasil**, de Cláudio Vicentino. São Paulo: Scipione, 2011. p. 27.

a) Qual é o título do mapa e o que ele informa?

....

....

....

b) Releia o texto e observe atentamente o mapa. Com base nessa análise, é possível dizer que:

- [ ] os povos indígenas falavam diferentes línguas e estavam distribuídos ao longo do litoral brasileiro.
- [ ] havia diferentes povos, que falavam diferentes línguas, distribuídos por todo o território brasileiro.
- [ ] todos os povos indígenas falavam a mesma língua.

4 Observe as imagens a seguir.

Criança kalapalo, aldeia Aiha. Parque Indígena do Xingu (MT), 2018.

Crianças saterê-mawé, aldeia Inhaã-Bé, em Manaus (AM), 2018.

Criança kalapalo, aldeia Aiha. Parque Indígena do Xingu (MT), 2018.

Imagens: Fabio Colombini/Acervo do fotógrafo

....

....

a) Você reconhece os brinquedos e as brincadeiras mostradas nas imagens? Escreva o nome de cada um no local indicado.

b) Compartilhe com seus colegas se você já teve alguma experiência com essas brincadeiras.

c) As brincadeiras mostradas acima são comuns entre os indígenas e também entre os não indígenas. Converse com os colegas sobre as semelhanças e diferenças entre os povos indígenas e os povos não indígenas.

O TEMA É...

Preservação das línguas indígenas

Alguns estudos indicam que antes da chegada dos portugueses ao Brasil existiam aproximadamente 1100 línguas faladas pelos povos originários do território. A maioria delas deixou de existir, e as poucas que restaram, menos de 300, correm risco de extinção.

O Brasil tem 190 línguas indígenas em perigo de extinção

Fabio Colombini/Acervo do fotógrafo

Cacique ensinando crianças kalapalo diante da Casa dos Homens, aldeia Aiha, Parque Indígena do Xingu (MT), 2018.

Da família linguística tupi-guarani, o warázu é apenas uma de dezenas de línguas brasileiras em perigo de extinção. Segundo o **Atlas das Línguas em Perigo da Unesco**, são 190 idiomas em risco no Brasil.

O mapa reúne línguas em perigo no mundo todo – e o Brasil é o segundo país com mais idiomas que podem entrar em extinção, ficando atrás apenas dos Estados Unidos.

[...]

A morte de uma língua não é apenas uma questão de comunicação no dia a dia: a preservação da cultura de um povo depende da preservação do seu idioma. "Se a língua se perde, se perde a medicina, a culinária, as histórias, o conhecimento tradicional. No idioma estão a questão da identidade, o conhecimento do bosque, do mato, dos bichos", explica o linguista Angel Corbera Mori, do Instituto de Estudos da Linguagem, da Unicamp.

O Brasil tem 190 línguas indígenas em perigo de extinção. **BBC**. Disponível em: <https://www.bbc.com/portuguese/brasil-43010108>. Acesso em: 10 abr. 2019.

- O que significa dizer que uma língua está correndo risco de extinção? Por que isso acontece?

Uma das formas de proteger as línguas indígenas é garantir a esses povos o direito de ocuparem seus territórios. Também é necessário criar políticas de preservação e de registro dessas línguas.

Em nosso vocabulário atual há muitas palavras de origem indígena. Leia os poemas a seguir, em que a autora usa palavras de origem indígena para falar sobre a cultura e o cotidiano nas aldeias.

Comilança

Na boca:
Pipoca,
Tapioca
Farinha de mandioca
Paçoca de amendoim,
Pamonha
Biju,
Aipim

Ricardo Dantas/Arquivo da editora

Na cuia

Jenipapo com açaí
Pitanga com guaraná
Pequi com abacaxi
Jaboticaba com cajá

Poeminhas da terra, de Marcia Leite. São Paulo: Pulo do Gato, 2016. p. 8, 9, 12 e 13.

- Quais outras palavras de origem indígena você conhece?
- Em sua opinião, o que pode ser feito para salvar as línguas indígenas da extinção?

Os indígenas e a chegada dos portugueses

Um dos objetivos dos portugueses quando decidiram colonizar as novas terras, no século XVI, era converter os povos indígenas à religião católica. O catolicismo era a religião oficial do reino, e um elemento fundamental da cultura portuguesa. Assim que chegaram ao Brasil, uma das primeiras coisas que os colonizadores fizeram foi rezar uma missa.

Primeira missa no Brasil, óleo sobre tela de Victor Meirelles, 1860.

Os jesuítas chegaram ao Brasil com os primeiros exploradores portugueses. Tinham a missão de convencer os povos indígenas a abandonar suas crenças e adotar o catolicismo – algo que depois seria feito também com os povos trazidos da África. Apesar da imposição da crença europeia, indígenas e africanos conseguiram preservar algumas de suas tradições religiosas, combinando-as com elementos da tradição cristã.

Para diminuir a resistência dos indígenas à **catequização**, os jesuítas construíram aldeamentos chamados de **missões**. A ideia era afastar os indígenas do convívio com a própria cultura, ao mesmo tempo que lhes transmitiam a cultura e a educação europeias. Às vezes, as missões agiam de forma autoritária e violenta, mas alguns missionários, como o padre Manuel da Nóbrega, não concordavam com essas atitudes radicais e propunham uma aproximação mais cuidadosa.

De todo modo, a intervenção dos jesuítas, aliada à ação dos exploradores, causou grande prejuízo aos povos indígenas. Não havia, naquela época, a consciência de que as tradições e a cultura de todos os povos devem ser respeitadas.

Quando os portugueses chegaram ao Brasil, perceberam que os povos indígenas que aqui viviam mantinham uma relação muito próxima com a natureza: sabiam como evitar os perigos das matas, como caçar e pescar e conheciam tanto as plantas venenosas como as que serviam para a alimentação e para o tratamento das doenças e dos ferimentos.

Os portugueses aproveitaram esses conhecimentos indígenas para conseguir sobreviver na nova terra. Assim, alguns costumes indígenas que foram úteis aos colonizadores passaram a fazer parte do seu dia a dia e acabaram incorporados à sua cultura.

Para explorar o novo território, os colonizadores contavam com os **bandeirantes**, homens que percorriam regiões até então desconhecidas com a intenção de aprisionar indígenas e de encontrar riquezas minerais. Ao longo do tempo, os bandeirantes entraram em contato com diversos povos indígenas, do litoral e do interior do Brasil.

Pouso de Monção no Sertão Bruto, óleo sobre tela de Aurélio Zimmerman, 1826.

A figura dos bandeirantes foi importante para a ampliação da área do território conhecido pelos portugueses. No entanto, a crueldade desses desbravadores causou grandes perdas para a população indígena, morta em combate ou aprisionada como escrava.

Saiba mais 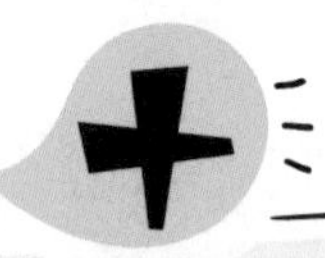

A influência da cultura indígena

A cultura brasileira foi sendo construída sob a influência de muitas outras culturas, entre elas, a indígena.

Leia mais informações sobre esse assunto no texto a seguir.

Influência da cultura indígena em nossa vida vai de nomes à medicina

Não importa onde se viva, qualquer brasileiro já teve contato com uma infinidade de palavras de origem indígena, sobretudo da língua tupi-guarani (união entre as tribos tupinambá e guarani), como carioca, jacaré, jabuti, arara, igarapé, capim, guri, caju, maracujá, abacaxi, canoa, pipoca e pereba.

Mas não foi só na língua portuguesa que tivemos influência indígena. Sua herança e contribuição para a formação da cultura brasileira vai além: passa da comida à forma como nos curamos de doenças. Os índios, através de sua forte ligação com a floresta, descobriram nela uma variedade de alimentos, como a mandioca (e suas variações como a farinha, o pirão, a tapioca, o beiju e o mingau), o caju e o guaraná, utilizados até hoje em nossa alimentação. Esse conhecimento das populações indígenas em relação às espécies nativas é fruto de milhares de anos de conhecimento da floresta. Lá, eles experimentaram o cultivo de centenas de espécies como o milho, a batata-doce, o cará, o feijão, o tomate, o amendoim, o tabaco, a abóbora, o abacaxi, o mamão, a erva-mate e o guaraná.

Outro benefício que herdamos da intensa relação dos índios e a floresta é em relação às plantas e ervas medicinais. O conhecimento da flora e das propriedades das plantas os fez utilizá-las no tratamento de doenças. Por exemplo, a alfavaca que tem função antigripal, diurética e hipotensona, ou o boldo que é digestivo, antitóxico, combate a prisão de ventre e pode ser usado também nas febres intermitentes (que cessam e voltam logo) são descobertas dos índios utilizadas no nosso dia a dia.

O artesanato também não fica de fora. Bolsas trançadas com fios e fibras, enfeites e ornamentos com penas, sementes e escamas de peixe são utilizados em diversas regiões do país, que sequer têm proximidade com uma aldeia indígena.

Influência da cultura indígena em nossa vida vai de nomes à medicina. **Globo Ecologia.** Disponível em: <http://redeglobo.globo.com/globoecologia/noticia/2012/03/influencia-da-cultura-indigena-em-nossa-vida-vai-de-nomes-medicina.html>. Acesso em: 10 abr. 2019.

1  Pesquise com um colega quais grupos indígenas vivem atualmente no estado onde vocês moram. Procurem descobrir as seguintes informações:

- nome do povo e onde vive;
- qual é o número de membros desse grupo;
- como as pessoas vivem nas aldeias;
- como obtêm alimentos e produzem algo para comercializar;
- se há escolas;
- outros dados que vocês acharem interessantes.

  - Registrem abaixo o resultado da pesquisa.

  ....

  ....

  ....

  ....

  ....

  ....

  ....

  ....

2 Pesquise na internet, em livros e em outras fontes sobre as influências da cultura indígena na formação da cultura brasileira. Depois, crie com seus colegas um painel com o título "A cultura brasileira também é indígena".

3 Aproveite a oportunidade para realizar a atividade *Jogo da memória*, nas páginas 19, 21, 23 e 25 do **Caderno de criatividade e alegria**.

Aprendendo a fabricar tecido

Muito povos, como os Kalapalo que vivem no Parque Indígena do Xingu, produzem tecidos usando diferentes técnicas, por exemplo, o tear, e materiais como fibras de madeira, algodão, etc. As técnicas de produção dos tecidos e sua combinação de cores são elementos de suas culturas.

Sergio Ranalli/Pulsar Imagens

Mulher kalapalo confeccionando uma esteira. Aldeia Aiha, Parque Indígena do Xingu (MT), 2018.

Material necessário

- caixa de papelão bem resistente (caixa de tênis, por exemplo)
- fios de algodão ou de lã de cores variadas (2 mm de espessura)
- pente
- rolos internos de papel higiênico

Como fazer

1 Retire a tampa da caixa e, se necessário, reforce as laterais para que a caixa fique mais resistente. Enrole o primeiro fio em torno da caixa, como indicado na ilustração.

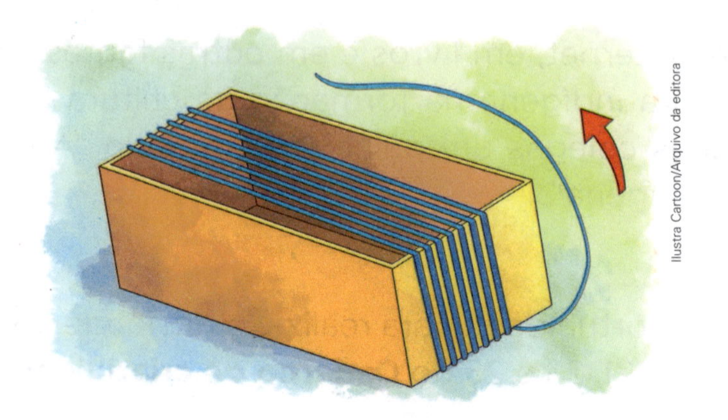
Ilustra Cartoon/Arquivo da editora

2 Enrole os outros fios coloridos nos rolos de papel higiênico.

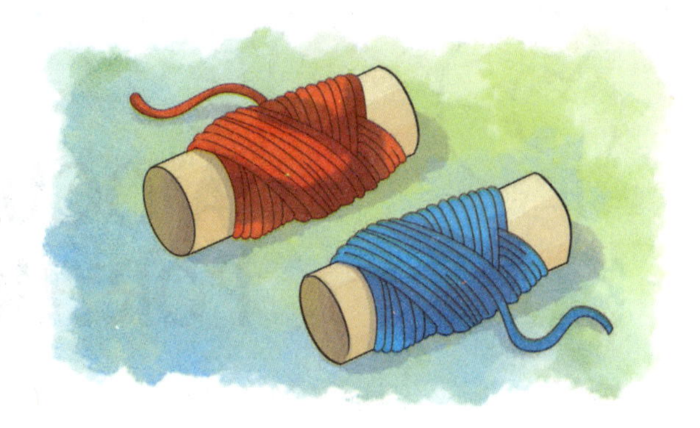

3 Passe o fio pela trama enrolada na caixa. Atenção: alterne a passagem do fio por baixo e por cima de cada fio da trama.

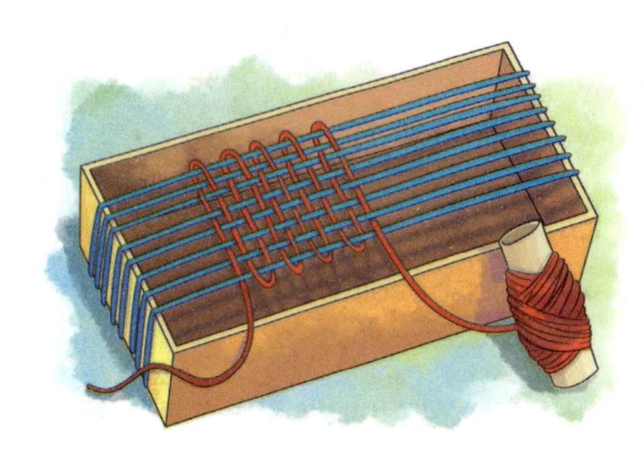

4 A cada duas ou três passadas de fio, empurre-o com o pente. Você também pode mudar a cor do fio para formar desenhos coloridos.

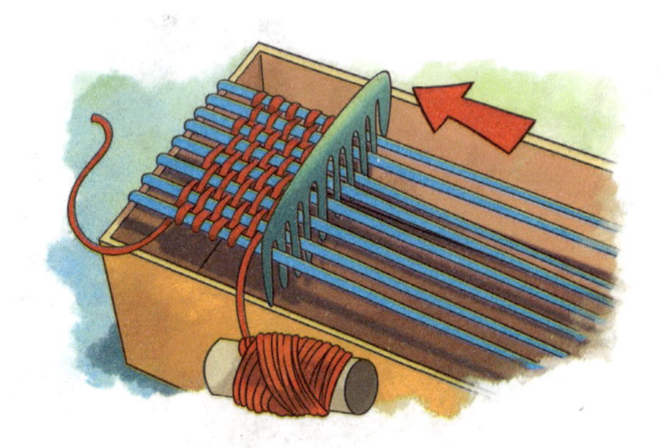

5 Para avançar, desloque cuidadosamente a trama pela lateral da caixa de forma a ter espaço para trançar o fio.

Ilustrações: Ilustra Cartoon/Arquivo da editora

Méga Expériences. Paris: Nathan, 1995. p. 176-177.

- O que você achou dessa experiência? Compartilhe suas descobertas com os colegas.

UNIDADE 3

A OCUPAÇÃO COLONIAL PORTUGUESA NO BRASIL

Entre nesta roda

- Quais povos estão representados na ilustração?
- Cite a principal atividade econômica retratada na cena.

Nesta Unidade vamos estudar...
• Chegada dos portugueses
• Início da colonização e exploração de riquezas
• Primeiros povoados
• Povoamento do interior
Marcos de Mello/Arquivo da editora

7 A CHEGADA DOS PORTUGUESES

EXPLORE A
PÁGINA +
E DIVIRTA-SE!

Em 1500, o comércio de especiarias na Europa era dominado pelos árabes, que traziam os artigos da Índia por rotas terrestres. Naquele ano, ao buscar novas rotas comerciais para a Índia, a **frota** portuguesa comandada por Pedro Álvares Cabral partiu de Lisboa e chegou à América.

frota: grupo de navios que navegam juntos.

Esse foi o primeiro encontro entre portugueses e indígenas, que assim foram chamados porque inicialmente os europeus acreditavam ter chegado à Índia. Esse encontro foi narrado pelo português Pero Vaz de Caminha, escrivão da frota de Cabral, em uma carta enviada ao então rei de Portugal, dom Manuel I.

A carta de Pero Vaz de Caminha é um documento muito importante e por muitos anos foi mantida em segredo. Ela contém o primeiro relato sobre as terras posteriormente ocupadas pelos portugueses, que seriam chamadas de "Brasil".

Desembarque de Pedro Álvares Cabral em Porto Seguro em 1500, óleo sobre tela de Oscar Pereira da Silva, 1922.

Com base no que Caminha contou na carta, o governo português começou a planejar o que faria em relação às novas terras. Por isso, o escrivão se preocupou em descrever a vegetação e os nativos da região, pois queria encontrar coisas que pudessem ser retiradas dali a fim de gerar riquezas para a Coroa portuguesa.

Carta de Pero Vaz de Caminha ao rei dom Manuel I

Senhor,

Eu sei que o capitão-mor e que os outros capitães de nossa frota escreverão a Vossa Alteza contando sobre o descobrimento da nova terra. Mesmo assim, também escrevo. Da melhor maneira que posso. Porém, sabendo que o farei bem pior do que todos os outros. Que a minha incompetência seja vista como boa vontade!

Acredite, Vossa Majestade, que tentarei ao máximo não aumentar ou diminuir nada. Apenas contar aquilo que vi, o que já não será pouco!

[...]

A partida de Belém foi no dia 9 de março, uma segunda-feira. No domingo, dia 22 do mesmo mês, por volta das dez horas, já estávamos próximos das ilhas de Cabo Verde e de São Nicolau.

[...]

Seguíamos sobre as vontades do mar, até o dia – para ser mais exato, 21 de abril, uma terça-feira – em que apareceram flutuando sobre a água folhas de botelho, aquela erva comprida, também chamada de rabo-de-asno.

Sinal de terra por perto!

Em seguida, avistamos um monte grande, alto e arredondado. Não demorou muito para vermos também terra plana e com grandes árvores.

Ao que era monte, nosso capitão chamou de monte Paschoal. À terra, ele deu o nome de Terra de Vera Cruz. Só depois de batizar o monte e a terra o capitão mandou baixar âncoras. Ancoramos. E ancorados passamos aquela noite.

Thiago Almeida/Arquivo da editora

Na manhã seguinte nos aproximamos da terra. E vimos na praia sete ou oito homens. Pele quase vermelha. Totalmente nus. Cabelos lisos e cortados em cima das orelhas. Tinham a cabeça enfeitada por belos cocares de penas coloridas. E nada para lhes cobrir as vergonhas. Todos traziam nas mãos grandes arcos de madeira escura e flechas de bambu. Pareciam tão saudáveis quanto inocentes. A maioria tinha o lábio inferior furado por um pedaço de osso.

O primeiro dos nossos homens a ser mandado a terra foi Nicolau Coelho. Assim que ele desembarcou na praia, apareceram outros homens. Muitos. Quase vinte. Também armados com seus arcos e flechas.

O mar fazia muito barulho, mas mesmo assim Nicolau tentou falar com eles. Não teve resposta. Eles não entendiam português. Mas compreenderam a linguagem dos gestos. Nicolau pediu com gestos para que abaixassem as armas. Os homens o atenderam. Nicolau Coelho ofereceu a eles o seu barrete frígio, o gorro vermelho que trazia na cabeça. Os homens aceitaram. E deram a ele um de seus cocares de penas coloridas. Com essa troca de presentes terminou o primeiro contato entre os nativos e os portugueses.

Naquela noite choveu muito. Só na manhã seguinte o capitão mandou alguns de nós de volta à terra para procurar água doce, lenha e um porto seguro, onde pudéssemos ancorar para explorarmos a região.

Não demorou para encontrarmos um recife formado por rochedos muito fortes e com uma entrada larga o suficiente para passarem nossos navios. Sem dúvida, este seria um porto seguro! Lá ancoramos.

A carta de Pero Vaz de Caminha (para crianças), de Toni Brandão. São Paulo: Studio Nobel, 1999.

Thiago Almeida/Arquivo da editora

Fazer uma pesquisa

Antigamente, fazer uma pesquisa era bastante trabalhoso, pois era preciso ir a uma biblioteca e procurar livros e enciclopédias que tratassem do assunto a ser pesquisado. Também era preciso levar papel e caneta para fazer anotações e, muitas vezes, retornar à biblioteca até concluir a pesquisa.

Hoje ficou muito mais fácil fazer pesquisas. Basta ter um computador ou *smartphone* com acesso à internet. O portal **Povos indígenas no Brasil Mirim**, por exemplo, é uma boa ferramenta para realizar pesquisas sobre a cultura indígena antes da chegada dos portugueses no território que conhecemos como Brasil e sobre os povos indígenas atualmente. Acesse esse portal no *site* <https://mirim.org> e selecione, na parte superior da tela, o assunto que deseja conhecer – por exemplo, "Quem são".

Reprodução/<mirim.org>

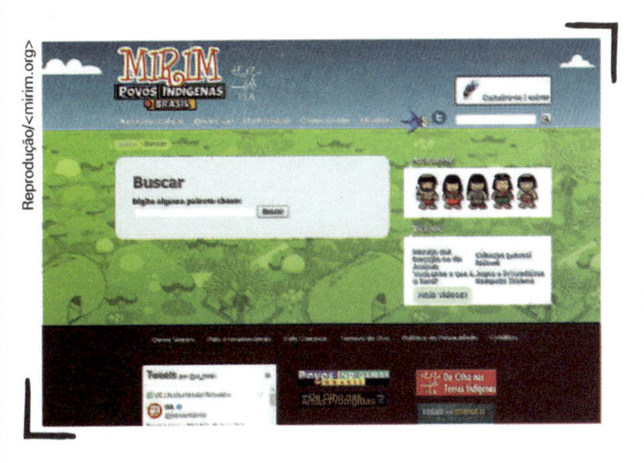

Reprodução/<mirim.org>

Outra forma de pesquisar nesse *site* é digitar um assunto específico na caixa de texto no canto superior direito da tela e clicar na lupa. Ao fazer isso, aparecerá uma lista com os diversos textos que abordam o assunto pesquisado. Então, é só clicar no título de um desses textos e pronto!

- Ao fazer pesquisas na internet, é necessário tomar alguns cuidados. Que cuidados você costuma ter quando busca informações na internet?

1 Leia o texto e responda às questões a seguir.

Do sonho ao pesadelo

Muitos anos depois, sobretudo a partir de 1532, outros portugueses voltaram. Diziam ser donos daquela região que já chamavam de Terra de Santa Cruz. [...]

Tudo ia mudando: o nome das praias, das baías, dos rios e até das montanhas. Com a chegada de outros portugueses, foi surgindo a vila de Porto Seguro. O rio próximo, que chamavam de Ymirim, recebeu o nome de Santo Antônio, e aquele monte, conhecido como Ybuturuçu, passou a ser Monte Pascoal... [...]

Os indígenas não recebiam mais presentes. O que aqueles **caraíbas** ofereciam era a escravidão. [...]

Os **tupiniquins**, agora obrigados a trabalhar de manhã até o pôr do Sol, ou morreram de doenças e de tristeza ou foram massacrados durantes as revoltas, que se multiplicaram. Para muitos era melhor morrer do que viver como escravo. Aquela vida livre na aldeia já não existia mais. [...]

caraíbas: nome pelo qual os indígenas passaram a chamar os portugueses.
tupiniquins: povo indígena que habitava o litoral brasileiro. Tupiniquim significa 'parente dos tupis'.

A ilusão daquele primeiro contato e a esperança de uma amizade duradoura transformaram-se em uma grande decepção e em uma grande tragédia. Os portugueses deixaram de ser chamados de caraíbas e passaram a ser chamados de peró, que significa amargo, ruim. Aquele sonho se transformou em um pesadelo.

Terra à vista: descobrimento ou invasão, de Benedito Prezia. São Paulo: Moderna, 2012.

a) Com base no título e na última frase, é possível entender que o texto trata da visão de qual grupo? Justifique sua opinião com outro trecho do texto.

....

....

....

b) Converse com os colegas sobre a mudança de relação entre portugueses e indígenas.

2 Segundo a carta de Caminha, os portugueses estranharam os modos das pessoas que encontraram. Explique por que isso aconteceu.

....

....

3 Sabemos das primeiras impressões dos portugueses a respeito dos indígenas. Agora, imagine os nativos encontrando os portugueses com suas roupas pesadas. Quais devem ter sido as impressões desses povos?

....

....

....

4 Leia a tirinha a seguir.

...E ASSIM FOI O DESCOBRIMENTO DO BRASIL!

COMO ASSIM?!

E A VERSÃO DOS ÍNDIOS?!

beckilustras@gmail.com

© Armandinho, de Alexandre Beck/Acervo do cartunista

- Durante muito tempo se falou em "descobrimento do Brasil". Explique por que o termo "descobrimento" não é adequado.

....

....

....

....

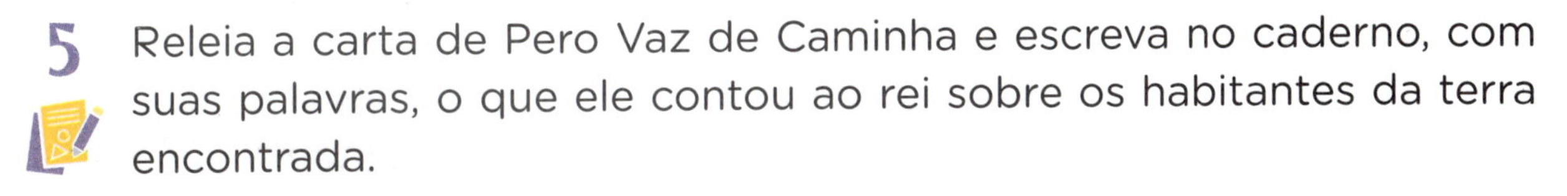

5 Releia a carta de Pero Vaz de Caminha e escreva no caderno, com suas palavras, o que ele contou ao rei sobre os habitantes da terra encontrada.

8 AS RIQUEZAS DA NOVA TERRA

EXPLORE A
PÁGINA +
E DIVIRTA-SE!

Você sabe qual foi a primeira riqueza explorada pelos portugueses no Brasil? E quem eram as pessoas que extraíam esse material?

Para responder a essas perguntas, observe o mapa abaixo, que representa as terras encontradas pelos portugueses.

Nos primeiros trinta anos após a chegada dos portugueses, não houve grande interesse por parte de Portugal por essas terras. A Coroa portuguesa se ocupava com os negócios lucrativos no Oriente, e a carta de Pero Vaz de Caminha relatava uma terra virgem, sem riquezas minerais.

Porém, foram enviadas algumas expedições para fazer o reconhecimento do local e verificar se existiam riquezas. Encontraram o pau-brasil, primeiro produto extraído da terra.

CLIMA
CLIMA

Biblioteca Nacional, Paris, França.

Mapa conhecido como **Terra Brasilis**, de autoria de Lopo Homem, Pedro Reinel e Jorge Reinel, datado de cerca de 1519.

O pau-brasil

Além de Portugal, que reservou para si a exclusividade da exploração, outros Estados europeus também tinham interesse em comercializar a madeira.

colônia: território sob o controle (posse e administração) de um outro Estado, com o objetivo de obter lucro.

O rei de Portugal enviou expedições para proteger o litoral de sua **colônia** dos invasores que buscavam extrair o pau-brasil.

> O famoso pau-brasil também era encontrado na Índia. Seu tronco tinha um lenho (miolo) que servia para fabricar um corante vermelho exportado para as manufaturas de tecidos em Flandres (região da Holanda e da Bélgica). A madeira era ótima para móveis. E seu preço, alto na Europa.
>
> Você já viu o pau-brasil? A maioria dos brasileiros não. Assim começou a presença europeia no Brasil: com **devastação ecológica**.

Nova História crítica do Brasil: 500 anos de história mal contada, de Mário Furley Schmidt. São Paulo: Nova Geração, 1999.

Desmatamento de uma floresta, gravura de Johann Moritz Rugendas, século XIX. Apesar de algumas leis portuguesas limitarem a extração de madeira, os colonos foram implacáveis na destruição das florestas.

Consequências da exploração do pau-brasil

A coleta de pau-brasil, no início da colonização portuguesa, trouxe muitos problemas para a flora e a fauna brasileiras, especialmente para a Mata Atlântica, onde essa planta ocorre originalmente.

O pau-brasil tornou-se escasso no país por ter sido extraído em grande quantidade das matas no período colonial. Conheça mais a respeito da extração do primeiro produto tropical explorado pelos colonizadores portugueses.

Ibirapitanga, para o índio. Pau-brasil, para o colonizador português. Primeira riqueza. De tão abundante, deu nome à terra. Brasil. [...]

Explorado desde os primeiros anos do século XVI, o conhecido pau-tinta foi usado para pagamento do primeiro empréstimo externo brasileiro – três toneladas encaminhadas à Inglaterra.

Em três séculos, foram derrubados sete milhões de árvores, mais de três mil toneladas por ano. [...]

O pau-brasil (*Caesalpinia echinata*) é uma árvore leguminosa nativa da Mata Atlântica. Originalmente, estendia-se do Rio de Janeiro até o Rio Grande do Norte. Pode atingir 30 metros de altura e 1 m de diâmetro, mas de crescimento demorado, dificultando o reflorestamento. [...]

A madeira, que lhe deu popularidade, é da cor vermelho-fogo. Foi muito utilizada na indústria de tinturaria.

A espécie ameaçada de extinção, em razão, especialmente, do **desmatamento**, é hoje protegida por lei [...]. Foi declarada Árvore Nacional em 1978.

O dia 3 de maio foi escolhido como Dia Nacional do Pau-Brasil, com o objetivo de promover ações de conservação da espécie.

Kevin Schafer/Minden Pictures/Fotoarena

Muda de pau-brasil (*Caesalpinia echinata*). Ainda hoje a madeira de pau-brasil é extraída - agora não mais para produção de tinturas, como antigamente, mas para a produção de arcos de certos instrumentos musicais, como o violino.

desmatamento: ação de derrubar árvores em grande quantidade, destruindo florestas.

Pau-brasil, monopólio desta terra, de Cris Leite e Dirceu Rodrigues, 3 maio 2017. Disponível em: <www.ambiente.sp.gov.br/2017/05/pau-brasil-monopolio-desta-terra/>. Acesso em: 29 jan. 2019.

Saiba mais

Conheça a Mata Atlântica

Trecho da Mata Atlântica no Rio de Janeiro (RJ), 2019.

Chico Ferreira/Pulsar Imagens

A biodiversidade da Mata Atlântica é exuberante; são milhares de espécies vegetais e animais. Entretanto, mais da metade dos animais que nela habitam está ameaçada de extinção.

A região, rica em nascentes, abastece de água cerca de metade da população brasileira , grande parte na região Sudeste, a mais populosa.

Além da extração de pau-brasil, outros ciclos de produção colonial causaram danos irreparáveis à floresta: a cana-de-açúcar, o ouro, as pedras preciosas e o café. Com o tempo, o surgimento de norte a sul de cidades litorâneas, o crescimento populacional e a industrialização também fizeram com que a área de mata fosse drasticamente reduzida. Estima-se que atualmente a Mata Atlântica tenha 8% da sua cobertura original.

Veja, nos mapas, como era a Mata Atlântica antes da chegada dos portugueses e como ela é hoje:

Brasil: Mata Atlântica (Século XVI)

Brasil: Mata Atlântica (atualmente)

Mapas: Banco de imagens/Arquivo da editora

Fonte: elaborados com base em **Anuário da Mata Atlântica**. Conselho Nacional da Reserva da Biosfera da Mata Atlântica. Disponível em: <www.rbma.org.br/anuario/images/mapa_dma_rem.jpg>. Acesso em: 16 abr. 2019.

1 Qual era o objetivo das expedições que vieram para o Brasil depois de Cabral? Quem os portugueses obrigaram a trabalhar para eles?

....

....

2 O que os portugueses fizeram para ganhar dinheiro com as terras conquistadas, isto é, qual foi sua primeira atividade econômica no local?

....

....

3 Os indígenas cortavam a madeira do pau-brasil e a entregavam aos portugueses em troca de objetos. Você conhece alguma forma de explorar a floresta sem destruí-la?

....

....

....

....

....

4 Escreva o nome de algumas atividades econômicas desenvolvidas hoje no Brasil.

....

5 Descreva, com suas palavras, o sentido da seguinte frase: "O Brasil se tornou uma colônia de Portugal". Antes de responder, converse com os colegas e recorde qual é o significado de **colônia**.

....

....

9 OS PRIMEIROS POVOADOS E O CULTIVO DA CANA

EXPLORE A
PÁGINA +
E DIVIRTA-SE!

Outros Estados europeus, como vimos, também se interessavam pelas riquezas encontradas na América. Isso ameaçava o controle do litoral da colônia por Portugal.

A fim de garantir a soberania, em 1530, dom João III, rei de Portugal, enviou Martim Afonso como governador junto a uma **expedição**, com cerca de 300 pessoas, para garantir o domínio português no litoral brasileiro.

expedição: viagem em grupo para explorar ou pesquisar uma região; envio de forças militares para determinada finalidade.

Após desembarcar em terras que hoje correspondem ao Rio de Janeiro, Martim Afonso seguiu para o litoral sul do Brasil. Chegando ao rio da Prata, retornou ao litoral em 1532, onde atualmente fica o estado de São Paulo, e fundou a primeira vila do Brasil: São Vicente.

Martim Afonso distribuiu terras para mais de 100 colonos e, com o financiamento de dom João III, começou a povoar o litoral. Por causa do alto custo dessa expedição, o rei resolveu usar recursos privados. Por isso, as terras foram doadas aos portugueses de posses, que receberam também alguns benefícios.

Assim, com o propósito de povoar as terras da colônia, o território foi dividido em **capitanias**, cuja administração ficou sob a responsabilidade de **donatários**.

Fundação de São Vicente, óleo sobre tela de Benedito Calixto, 1900. A obra retrata a expedição colonizadora de Martim Afonso.

Os fortes portugueses

Os portugueses construíram fortes nas áreas ocupadas. Os fortes tinham diversas funções: eram usados para proteção dos territórios conquistados e também eram locais seguros para o **pouso** de grupos a caminho do interior da colônia.

pouso: lugar seguro para ficar e para dormir; também significa 'lugar seguro para atracar embarcação'.

Muitos dos fortes foram construídos no litoral com o intuito de defender as áreas colonizadas do ataque de estrangeiros e dos próprios povos indígenas. Por isso, há também diversos fortes ao longo dos rios amazônicos. A fundação desses fortes de defesa contribuiu para a ocupação do território e deu origem a diversas cidades.

América portuguesa: fortes e invasões (séculos XVI a XVIII)

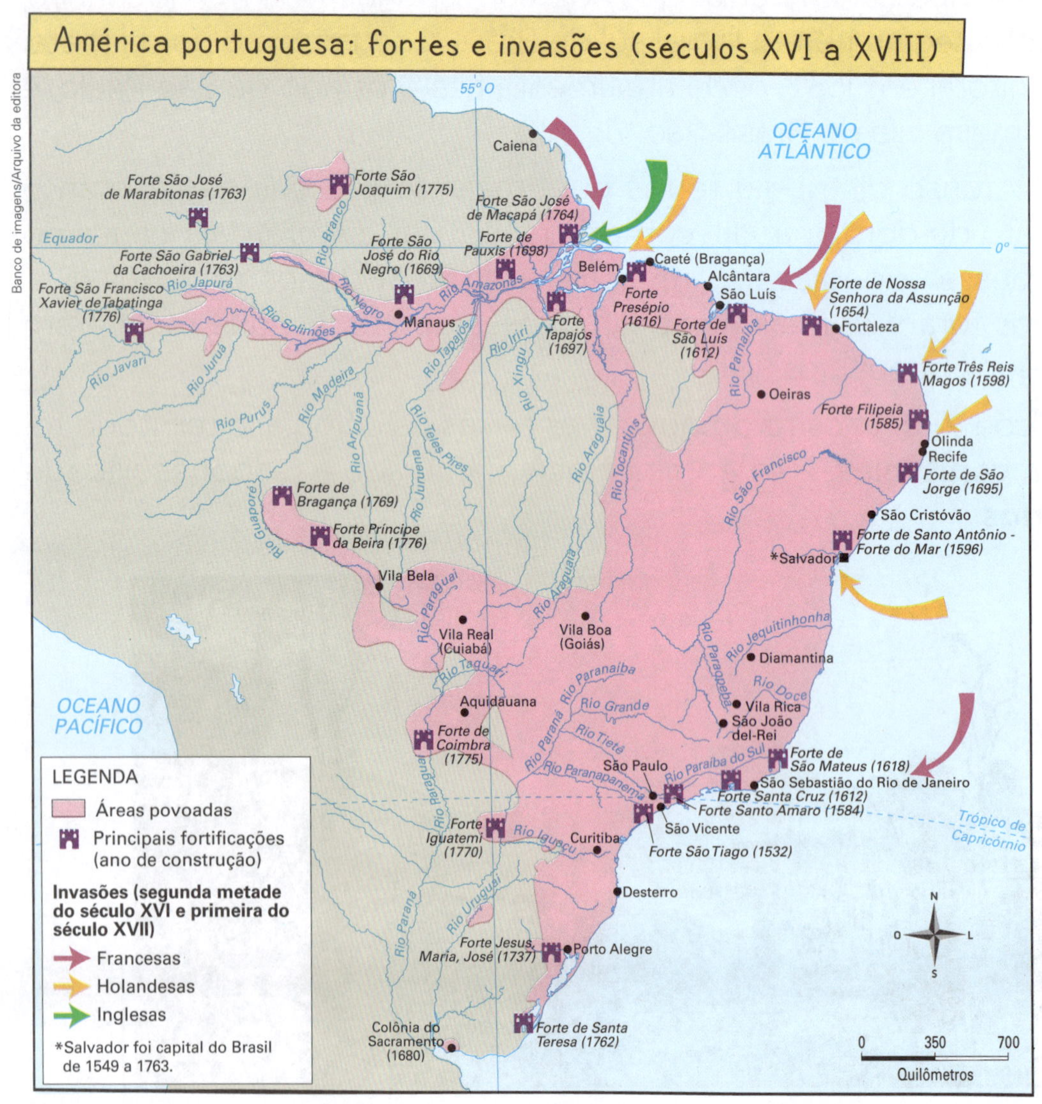

Fonte: elaborado com base em **Atlas histórico: geral e Brasil**, de Cláudio Vicentino. São Paulo: Scipione, 2011. p. 105.

Atividade

- Observe as imagens abaixo, que mostram fortes construídos por portugueses no período colonial.

Tales Azzi/Pulsar Imagens

Forte dos Reis Magos, em Natal (RN), 2017.

Andre Dib/Pulsar Imagens

Forte São José de Macapá, em Macapá (AP), 2018.

Agora, faça o que se pede.

a) Encontre esses fortes no mapa da página anterior. Eles estão localizados em uma posição importante para a defesa? Justifique sua resposta.

....

....

....

....

b) Pesquise a respeito desses fortes e responda: Como eles contribuíram para o desenvolvimento das cidades de Natal e Macapá?

....

....

....

....

A cana-de-açúcar

Com a colonização, alguns portugueses escolhidos pelo rei receberam lotes de terra para iniciar o cultivo da **cana-de-açúcar**.

O plantio começou em São Vicente, mas foi no nordeste da colônia que a cana-de-açúcar mais se desenvolveu. Essa região apresentava as condições naturais ideais para o cultivo da cana, como o clima tropical (quente e úmido) e o solo popularmente conhecido como massapê (terra fértil, argilosa e de cor escura).

Nessa época, as terras da atual região Nordeste tornaram-se a principal região açucareira do Brasil, principalmente onde hoje localiza-se Pernambuco.

Nos primeiros **engenhos**, o trabalho era realizado por indígenas, que eram capturados e escravizados pelos colonizadores. Por volta de 1568, quando começou no Brasil o tráfico de pessoas escravizadas, os fazendeiros passaram a substituir os indígenas por negros trazidos à força da África. O tráfico de africanos escravizados era um negócio muito rentável para os colonizadores.

engenhos: estabelecimentos agrícolas que cultivavam cana e fabricavam açúcar.

Os africanos escravizados eram forçados a trabalhar em péssimas condições nos engenhos. Inconformados com essa situação, muitos tentavam fugir. Os que conseguiam, formavam comunidades denominadas **quilombos**, em geral em meio a florestas e matas.

Cana, afresco de Candido Portinari, 1938. Essa obra retrata a participação de africanos escravizados como principal mão de obra na cultura da cana-de-açúcar.

América portuguesa: cultivo de cana-de-açúcar (século XVI)

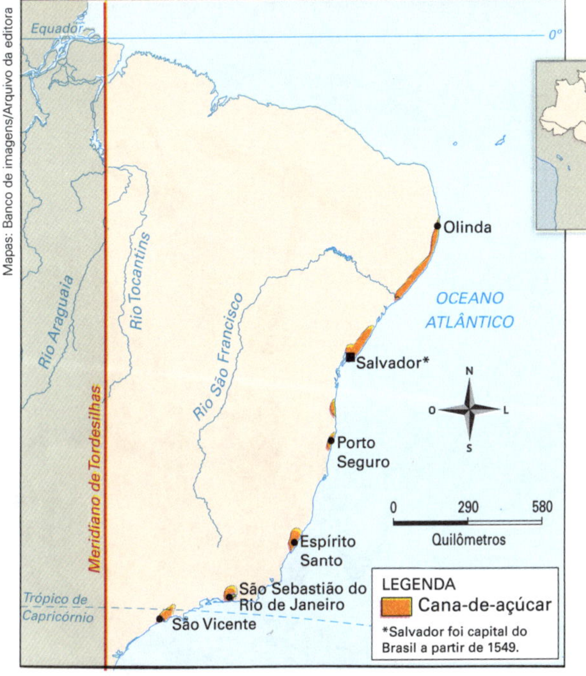

Mapas: Banco de imagens/Arquivo da editora

Fonte: elaborado com base em **Atlas histórico escolar**, de Manoel Maurício de Albuquerque e outros. 7. ed. Rio de Janeiro: Fename, 1977. p. 18.

Os mapas desta página mostram a expansão da cultura de cana-de-açúcar no período colonial.

A produção do açúcar dominou a economia brasileira por mais de cem anos (entre os séculos XVI e XVII). Com a descoberta de ouro e diamante no interior da colônia, a cultura de cana-de-açúcar, já em decadência, perdeu importância na economia colonial.

O açúcar produzido por Portugal enfrentava, nesse período, forte concorrência por causa da produção de açúcar de outras nações europeias em suas colônias de clima tropical.

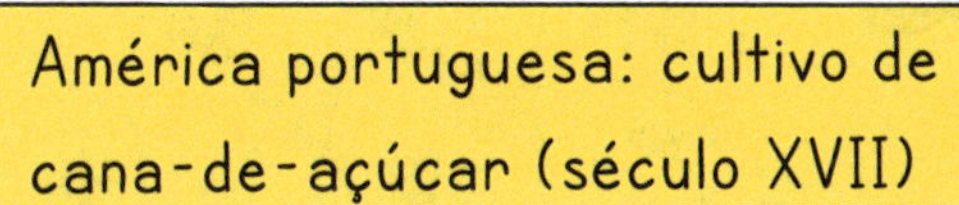

Fonte: elaborado com base em **Atlas histórico escolar**, de Manoel Maurício de Albuquerque e outros. 7. ed. Rio de Janeiro: Fename, 1977. p. 24.

América portuguesa: cultivo de cana-de-açúcar (século XVIII)

Fonte: elaborado com base em **Atlas histórico escolar**, de Manoel Maurício de Albuquerque e outros. 7. ed. Rio de Janeiro: Fename, 1977. p. 28.

1 Leia o texto.

O rei de Portugal achava que a terra era dele.
Ele nem reconhecia que essa terra tinha dono.
Ele nem reconhecia que essa terra era dos povos indígenas.
Foi logo repartindo a nossa terra.
ELE NEM RESPEITOU NOSSO DIREITO!
Dividiu a terra em 15 pedaços.
Deu cada pedaço para um homem
rico de Portugal.
Cada um desses pedaços ficou
chamado de capitania.
Cada dono de capitania era
como um governador.
Ele tinha que mandar fazer derrubada.
Tinha que mandar fazer plantação.
Tinha que cuidar da terra para outros governos
não tomarem de Portugal. [...]
OS PORTUGUESES VINHAM PARA
O BRASIL PENSANDO ENRIQUECER.
[...]
A terra da Europa não dá cana.
A nossa terra era boa para plantar cana.
Então, os donos das capitanias ocuparam
as terras dos índios, expulsaram os índios
de suas terras e começaram a derrubar
todas as matas dos índios...
[...]

Ricardo Dantas/Arquivo da editora

História dos povos indígenas: 500 anos de luta no Brasil, de Eunice Dias de Paula e outros. 7. ed. Petrópolis: Vozes, 2001. p. 108 e 114.

2 Agora, responda às questões com base no texto da página anterior.

a) A quem pertenciam, por direito, as terras? Você concorda com isso? Por quê?

....

....

....

b) "Foi logo repartindo a nossa terra." Quem disse isso? E quem executou essa ação? Em quantos pedaços a terra foi repartida?

....

....

c) "Os portugueses vinham para o Brasil pensando enriquecer." O que você pensa sobre isso?

....

....

....

d) Por que o rei de Portugal mandou plantar cana-de-açúcar nas terras descobertas? Releia o texto e explique com suas palavras.

....

....

....

....

3 Em que local a cana-de-açúcar se desenvolveu melhor? Por quê?

....

....

....

....

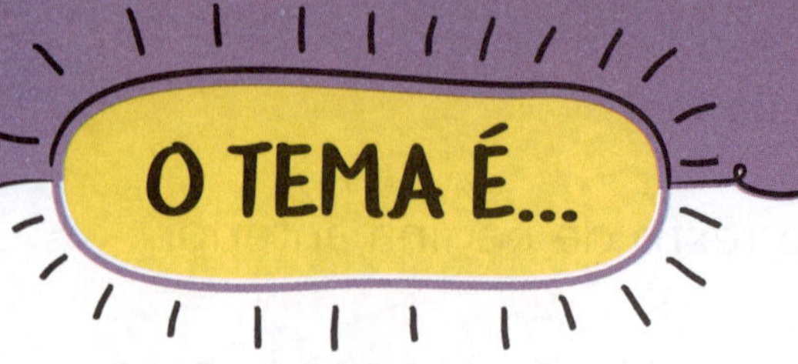

Questões do campo brasileiro

- O que Chico Bento quis dizer com "árvore de esperança"?
- Que fenômeno está representado no quadrinho? É algo recente no Brasil? O que o causa?

- Qual é a diferença entre as duas propriedades?
- Por que em uma delas há árvores frutíferas e outros cultivos enquanto na outra a agricultura é mais difícil de ser praticada?
- O que significa "a seca respeita cerca e cancela"?

Ao longo da história, desenvolvemos formas de cultivar diversos tipos de solo. Para isso, corrigimos a falta de água e de nutrientes, por exemplo.

Morte e vida severina é um livro de João Cabral de Melo Neto que conta a história de Severino, um agricultor que deixa seu lugar de origem e parte para Recife, fugindo da pobreza no campo.

O autor, nascido em Recife no ano de 1920, passou a infância em engenhos, e grande parte da poesia que escreveu está vinculada à sua infância e aos temas e cenários nordestinos.

A obra **Morte e vida severina**, publicada em 1955, é atemporal e foi adaptada como peça teatral, filme, teleteatro, animação e história em quadrinhos. Abaixo, na adaptação dos quadrinhos de Miguel Falcão, vemos o momento em que Severino chega a um grande canavial e finalmente encontra um rio.

O retirante chega à Zona da Mata, que o faz pensar, outra vez, em interromper a viagem
–Bem me diziam que a terra se faz mais branda e macia quanto mais do litoral a viagem se aproxima.
Agora afinal cheguei nessa terra que diziam. Como ela é uma terra doce para os pés e para a vista.
Os rios que correm aqui têm a água vitalícia. Cacimbas por todo lado; cavando o chão, água mina.
Vejo agora que é verdade o que pensei ser mentira Quem sabe se nesta terra não plantarei minha sina?

Morte e vida severina, de João Cabral de Melo Neto. Recife: Fundaj; Editora Massangana. 2009. p. 22.

- Severino se encanta ao avistar o canavial e os rios que nunca secam. Que característica negativa da cultura canavieira você mostraria a ele?
- Você costuma visitar lugares no campo? Já avistou algum elemento da paisagem que chamou muito sua atenção?

O POVOAMENTO DO INTERIOR E A DESCOBERTA DE NOVAS RIQUEZAS

EXPLORE A
PÁGINA +
E DIVIRTA-SE!

Nos dois primeiros séculos de colonização, os portugueses exploraram apenas as terras litorâneas. Nesse período, não houve a preocupação em desbravar o interior do território. Também não houve um cuidado para evitar o desgaste do solo por causa do uso excessivo no plantio de uma **monocultura**. As áreas desgastadas eram simplesmente abandonadas.

monocultura: plantio de um único produto agrícola.

Com a decadência da produção açucareira, o governo português passou a incentivar os colonos a explorarem o interior da colônia, que era habitado por povos indígenas. Os colonos partiram, então, em busca de metais preciosos e, assim, no século XVIII, foi descoberta uma nova riqueza na colônia: o ouro.

De 1700 a 1800, o ouro tornou-se o principal produto econômico da colônia portuguesa na América.

Lavagem de ouro em Itacolomi (detalhe), litogravura de Johann Moritz Rugendas, 1827.

Os bandeirantes

A exploração do ouro pelos portugueses foi possível graças ao trabalho dos bandeirantes paulistas. Eles partiam em expedições, denominadas **bandeiras**, e adentravam o interior da colônia com o objetivo de encontrar riquezas minerais e aprisionar indígenas para trabalhos forçados.

As bandeiras ocorriam por iniciativa dos colonos, que tinham interesse de ganho econômico com as empreitadas. Mas havia também expedições financiadas pelo governo colonial, denominadas **entradas**, que ocorreram no início da colonização e depois ficaram restritas a explorar o interior da Bahia e de Minas Gerais. O mapa a seguir mostra o trajeto das principais entradas e bandeiras.

Expansão portuguesa na América: entradas e bandeiras (séculos XVII e XVIII)

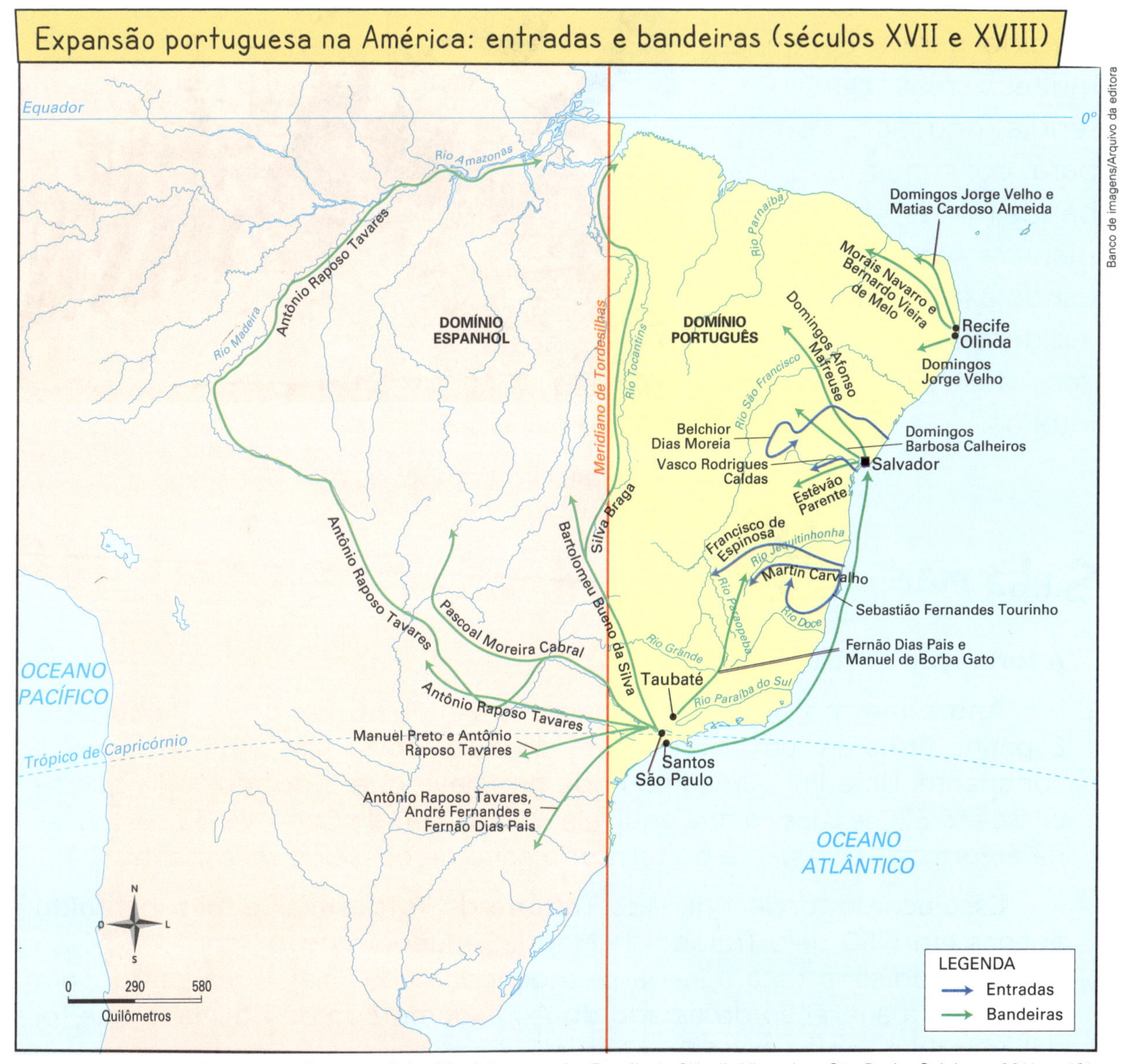

Fonte: elaborado com base em **Atlas histórico: geral e Brasil**, de Cláudio Vicentino. São Paulo: Scipione, 2011. p. 101.

Muitos dos bandeirantes eram filhos de portugueses e indígenas e falavam uma língua que misturava tupi e português, denominada língua geral paulista.

A abertura de caminhos e a ocupação de novas áreas contribuíram para o desenvolvimento dos povoados coloniais. Por isso, os bandeirantes são vistos, muitas vezes, como heróis, responsáveis pelo povoamento do interior do Brasil, uma vez que ajudaram a expandir o território brasileiro. Sem eles, provavelmente Portugal teria perdido para a Espanha muitas áreas que pretendia ocupar. Porém, para conseguir isso, os bandeirantes agiam de maneira violenta, provocando a morte de muitos indígenas e, algumas vezes, destruindo aldeias inteiras.

HenriqueWestin/Shutterstock

Monumento às Bandeiras, escultura de Victor Brecheret. Inaugurado no IV centenário de São Paulo (SP), em 1953, o monumento homenageia os bandeirantes, que desbravaram os sertões. Foto de 2018.

Saiba mais

A formação territorial do Brasil

Antes mesmo de Cabral chegar à América, em 1494 Portugal e Espanha firmaram um acordo para dividir a posse dos territórios nesse continente. Uma linha imaginária determinava que todo território que ficasse até 370 léguas (o que equivale a 1 770 km) de Cabo Verde pertenceria a Portugal. O restante do território seria de posse do rei espanhol.

Esse acordo foi denominado **Tratado de Tordesilhas** e foi substituído apenas em 1750 pelo Tratado de Madri. Segundo o novo acordo, a posse do território seria determinada pela ocupação colonial, e mais tarde, em 1904 com a anexação do estado do Acre, comprado da Bolívia, o que foi delineando o contorno do Brasil atual.

A mineração

O ouro e as pedras preciosas foram descobertos primeiro em Minas Gerais, depois em Goiás e em Mato Grosso.

Nesse período, formaram-se cidades que foram muito importantes para a mineração, como Ouro Preto, Sabará e Mariana.

A notícia da descoberta de minas de ouro e diamante espalhou-se rapidamente por toda a colônia e pela metróple, atraindo um grande número de pessoas.

Em poucas décadas, vilas e cidades das chamadas "minas gerais" receberam muitos migrantes.

A mineração foi tão importante para os portugueses que, no ano de 1763, a capital da colônia foi transferida de Salvador para o Rio de Janeiro, cidade na qual ficava o principal porto de onde se enviava o ouro para Portugal.

Jales Valquer/Shutterstock

Vista da cidade de Ouro Preto (MG), 2018. Em muitas cidades de Minas Gerais é possível observar a arquitetura das construções do período colonial, quando o ouro era exportado para Portugal.

A vida nas regiões de mineração

A economia da região das minas era essencialmente exportadora, por isso dependia do abastecimento externo de alimentos, ferramentas e objetos de uso cotidiano. Assim, o **tropeiro**, que trazia alimentos e outras mercadorias, e o **boiadeiro**, que conduzia o gado, tinham um papel fundamental.

Conheça um pouco mais a economia da região das minas.

> [...] A notícia da descoberta do ouro se espalhou. Pessoas de todas as idades se deslocaram para as áreas de mineração. O ouro parecia um ímã que atraía gente até da Europa.
>
> Pequenos povoados cresceram, prosperaram com a riqueza do ouro e se tornaram vilas com ruas de pedras, casas de belas fachadas, armazéns, edifícios públicos, teatros e igrejas com altares folheados a ouro.
>
> Nas vilas de Minas Gerais, como Vila Rica, Sabará e Mariana, as pessoas trabalhavam principalmente na mineração e no comércio. Ali também viviam funcionários públicos, soldados, ferreiros, fabricantes de sela, alfaiates, dançarinas, cantores e atores de teatro, os que faziam jornais. Ninguém plantava ou criava animais. Todo alimento vinha do sul, sudeste e nordeste. Um boi custava seu peso em ouro. Os comerciantes de mantimentos enriqueceram tanto quanto os que tiveram a sorte de achar ouro.

Cidades brasileiras: do passado ao presente, de Rosicler Martins Rodrigues. São Paulo: Moderna, 2003.

Comboio de diamantes passando por Caeté, gravura de Johann Moritz Rugendas, c. 1835. A obra retrata o transporte de riquezas no período colonial, possivelmente realizado no caminho novo da Estrada Real.

Saiba mais

Os caminhos da Estrada Real

No século XVII, alguns habitantes da pequena Vila de São Paulo de Piratininga aceitaram o desafio da Coroa portuguesa de penetrar nas matas e serras rumo ao sertão, onde acreditavam haver ouro e diamante.

Após a descoberta de riquezas minerais na região das minas, foi aberta a primeira via para ligá-la ao litoral fluminense. O trecho, que ia de Ouro Preto (MG) a Paraty (RJ), era usado para o envio das riquezas por via marítima até Portugal.

Com o tempo, outras vias oficiais também foram construídas. Esses caminhos foram feitos sob ordem da Coroa portuguesa, para evitar que as riquezas encontradas nas minas fossem contrabandeadas e desviadas de seu destino, Portugal. Por isso, esses caminhos foram chamados de Estrada Real.

Atualmente, as quatro vias que compõem a Estrada Real estão preservadas e podem ser visitadas. Elas são chamadas de:

- **Caminho Velho**: primeira via determinada pela Coroa portuguesa, liga Ouro Preto ao porto de Paraty.
- **Caminho Novo**: criada para ser um trajeto mais seguro, liga Ouro Preto ao porto do Rio de Janeiro.
- **Caminho dos Diamantes**: liga Ouro Preto a Diamantina, a principal cidade de exploração de diamantes.
- **Caminho Sabarabuçu**: fica em Ouro Preto e foi criado para explorar a região de serras.

Leia o texto a seguir e conheça um pouco mais sobre a Estrada Real.

A Estrada Real é uma rota turística que reúne quatro caminhos da época do Brasil Colonial que passam pelos estados de Minas Gerais (principalmente), Rio de Janeiro e São Paulo. Os caminhos levam a cidades históricas, cachoeiras, trechos de Mata Atlântica e Cerrado e sítios arqueológicos, até terminar nas cidades portuárias de Paraty e Rio de Janeiro, pontos finais dos caminhos Velho e Novo respectivamente.

O Caminho Velho foi a primeira via aberta oficialmente pela Coroa portuguesa para ligar o litoral fluminense à região produtora de ouro no interior de Minas Gerais. Na época, no século 17, o percurso de 710 km levava 60 dias para ser percorrido a cavalo por tropeiros que levavam e traziam mercadorias do porto de Paraty a Ouro Preto, então capital de Minas Gerais. [...]

Roteiro: cidades históricas no Caminho Velho da Estrada Real, de Lívia Aguiar. **Revista Viagem e Turismo**, 21 fev. 2016. Disponível em: <https://viagemeturismo.abril.com.br/materias/roteiro-cidades-historicas-charmosas-no-caminho-velho-da-estrada-real/>. Acesso em: 18 mar. 2019.

A ocupação do interior

Conheça como surgiram os primeiros povoados em todo o Brasil.

No nordeste o povoamento seguiu a trilha do gado. Conta a história que tudo começou com um touro e quatro vacas que foram trazidos de Portugal. Estes animais procriaram e acabaram originando rebanhos que foram levados para o sertão. Onde os rebanhos cresciam, nascia um povoado de boiadeiros e comerciantes de carne e de couro.

No sul do Brasil, os povoados nasceram na trilha do gado, dos burros, das mulas e dos cavalos. Na época da mineração estes animais eram levados pelos tropeiros para serem vendidos nas Minas Gerais. O gado era vendido para alimentação, e as mulas, os burros e cavalos, para transporte de mercadorias.

Ilustra Cartoon/Arquivo da editora

O povoamento do Brasil deve muito a esses tropeiros. No caminho das tropas, onde elas paravam para descansar, eram construídos **albergues**, um mercado de troca de mercadorias e casas de comércio. [E, assim, ali] Começava a nascer um povoado.

albergues: abrigos, lugares onde são acolhidas pessoas gratuitamente ou mediante baixo pagamento.

O povoamento da região norte do Brasil se deu lentamente devido à vastidão da floresta Amazônica. A trilha do povoamento seguiu os rios, por onde os aventureiros navegavam em busca de ouro, tabaco e pimentas. Para evitar a entrada de estrangeiros, os portugueses construíram fortes ao longo dos rios. Ao redor de alguns deles nasceram povoados.

Cidades brasileiras: do passado ao presente, de Rosicler Martins Rodrigues. São Paulo: Moderna, 2003.

Ilustra Cartoon/Arquivo da editora

Os caminhos do gado e a formação de cidades

Na região hoje denominada Nordeste, havia, no período colonial, dois eixos de expansão da atividade de criação de gado. Um partia de Olinda e o outro, de Salvador.

No mapa ao lado estão representadas as principais rotas de interiorização da pecuária.

Em Olinda e Salvador ficavam os principais locais de venda do gado, por isso muitas tropas de bois saíam das áreas de criação em direção a essas cidades. No caminho, havia diversos lugares para pouso e descanso. Muitos desses lugares se transformaram em vilas e, mais tarde, em cidades.

Fonte: elaborado com base em **Ceará: a civilização do couro**, de Cândido Couto Filho. Fortaleza: Edição do autor, 2000. p. 26.

Prédio da antiga Casa de Câmara e Cadeia na Praça da Matriz, em Icó (CE), 2017. O município de Icó foi tombado pelo Iphan em 1998 como patrimônio material. Seu conjunto arquitetônico tradicional serve de documento da ocupação do sertão nordestino pela pecuária do século XVIII.

Atividades

1 Numere os fatos na ordem em que ocorreram.

[ ] As pessoas passaram a trabalhar na mineração e no comércio.

[ ] As pessoas se deslocaram para as áreas de mineração.

[ ] Com a riqueza do ouro, pequenos povoados cresceram e se tornaram vilas.

[ ] A notícia da descoberta do ouro se espalhou.

[ ] Os comerciantes de mantimentos enriqueceram porque, nas áreas de mineração, ninguém plantava ou criava animais.

2 Assinale as afirmativas corretas e reescreva as que estiverem erradas, corrigindo-as.

[ ] O litoral foi colonizado por causa da cultura da cana-de-açúcar.

[ ] O ouro foi descoberto em nosso território pelos bandeirantes.

[ ] Os portugueses exploraram primeiramente o interior da colônia.

[ ] Em 1763, a capital da colônia foi transferida do Rio de Janeiro para Salvador.

Construindo uma gaita com palitos de madeira

O uso de madeira para a confecção de instrumentos musicais é bastante comum e está relacionado inclusive à qualidade do som que o instrumento emite. O pau-brasil, como vimos, é usado atualmente na produção de arcos de violino por causa de suas características.

Que tal agora utilizarmos madeira para fazer um instrumento musical de sopro? Veja a seguir como fazer um tipo de gaita.

Material necessário

- dois palitos de sorvete (de madeira)
- um palito de churrasco ou de dentes (de madeira)
- papel espelho
- dois elásticos
- tesoura com pontas arredondadas
- cola

Como fazer

1 Com a ajuda de um adulto, corte dois pedaços do palito de churrasco no tamanho da largura do palito de sorvete e cole-os próximo das extremidades de um dos palitos.

2 Dobre o papel espelho e corte-o na mesma largura e comprimento do palito de sorvete.

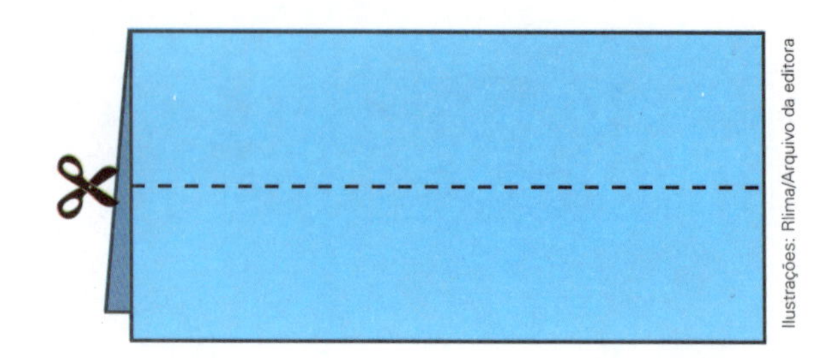

Ilustrações: Rlima/Arquivo da editora

3 Coloque o papel espelho recortado sobre o palito de sorvete com o palito de churrasco colado. Atenção: Não cole o papel.

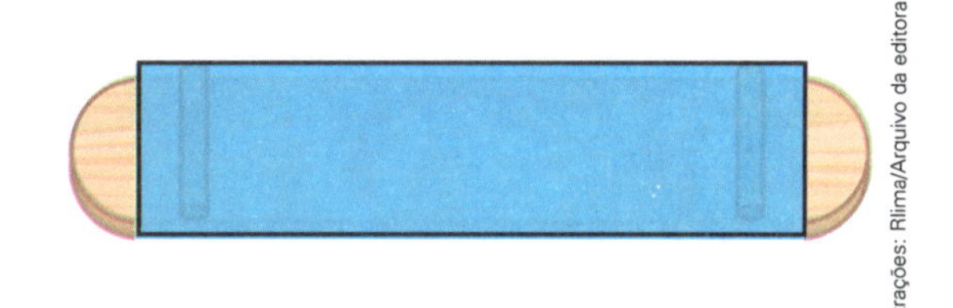

Ilustrações: Rlima/Arquivo da editora

4 Coloque o outro palito de sorvete sobre o que você acabou de preparar deixando o lado onde estão o palito de churrasco e o papel espelho entre os dois.

5 Enrole um elástico em cada ponta da gaita, deixando-o bem apertado.

6 A gaita está pronta. Sopre e faça sua música!

UNIDADE 4

TRABALHO ESCRAVO E IMIGRAÇÃO

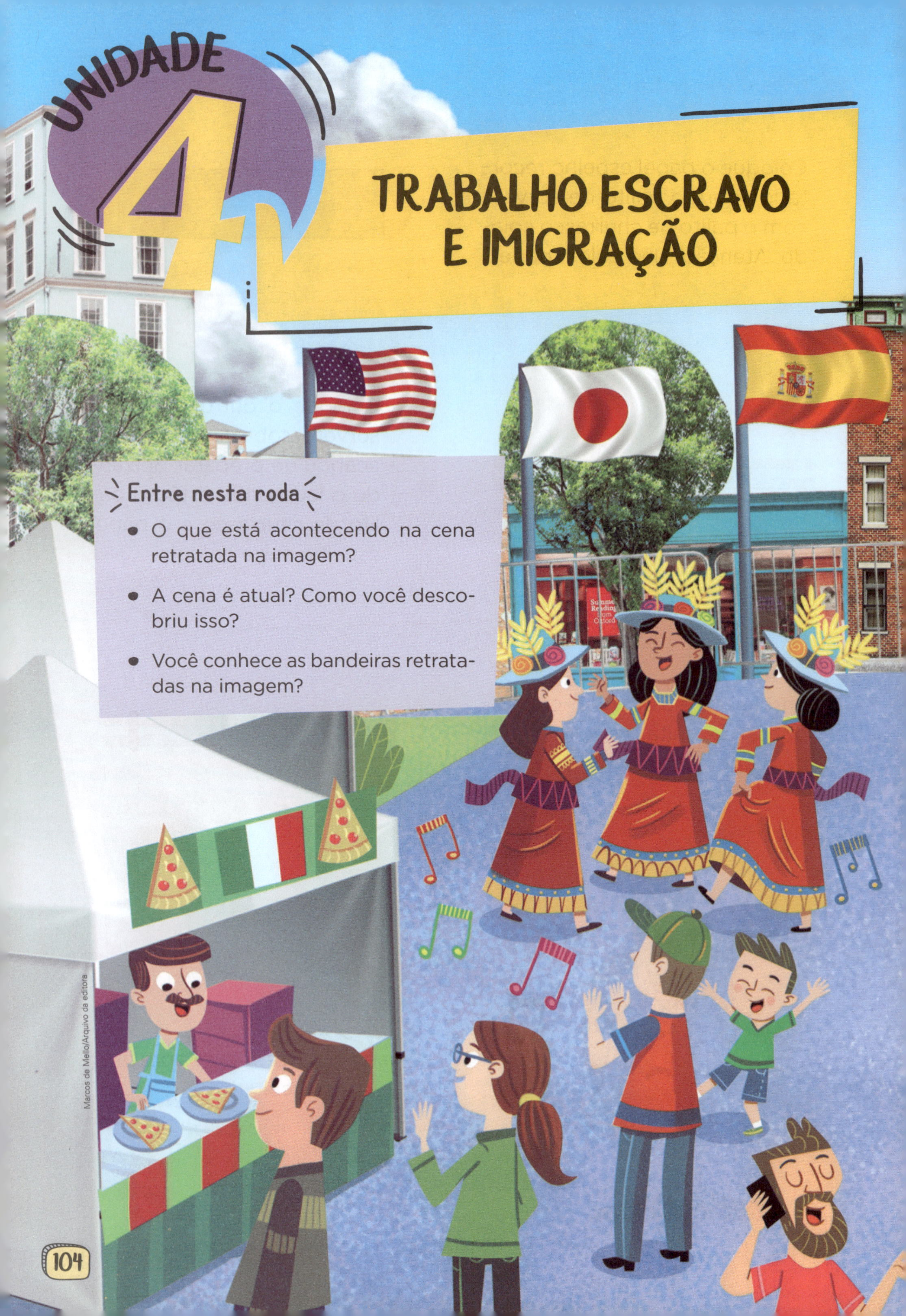

Marcos de Mello/Arquivo da editora

Entre nesta roda

- O que está acontecendo na cena retratada na imagem?
- A cena é atual? Como você descobriu isso?
- Você conhece as bandeiras retratadas na imagem?

Nesta Unidade vamos estudar...
• Trabalho escravo
• Contribuição africana para a identidade brasileira
• Transição do trabalho escravo para o trabalho livre
• Imigrantes no Brasil

11 A ESCRAVIZAÇÃO DOS AFRICANOS

EXPLORE A
PÁGINA +
E DIVIRTA-SE!

Entre os séculos XVI e XIX, milhões de mulheres, crianças e homens africanos foram trazidos à força da África em **navios negreiros**. Essas pessoas não eram escolhidas ao acaso. Muitas delas exerciam atividades em seu lugar de origem. Eram ferreiros, agricultores, carpinteiros, entre outros.

Nessas viagens, os africanos eram submetidos a condições desumanas. Eram transportados acorrentados no porão dos navios e muitos morriam durante a travessia do oceano, por doenças, fome ou sede.

Ao desembarcar nos portos das áreas coloniais, essas pessoas eram vendidas a proprietários de terras, que as escravizavam. Os escravizados eram obrigados a trabalhar para esses proprietários sem direito a remuneração e em péssimas condições.

Reprodução/Coleção particular

Mercado de escravos, litografia colorida à mão de Johann Moritz Rugendas, cerca de 1835.

Inicialmente os escravizados foram levados para trabalhar nos engenhos de açúcar, mas também na mineração e, mais tarde, na cultura do café. No período de crescimento das lavouras cafeeiras, o tráfico de africanos escravizados se intensificou. Mas os escravizados nunca aceitaram passivamente a escravidão. Pequenas revoltas, ataques aos feitores e mortes eram comuns.

Saiba mais

A travessia do Atlântico

Em diversos portos ao longo da costa africana, a prática de escravizar inimigos de guerra já existia entre os povos que ali viviam. No entanto, os europeus transformaram esse costume em uma atividade comercial, pois esses escravizados passaram a ser vendidos.

Os escravizados eram trazidos para o Brasil e desembarcavam principalmente no porto do Rio de Janeiro ou de Salvador. Lá mesmo, eram vendidos a colonos e levados à força para os locais de trabalho.

Pessoas de todas as idades eram obrigadas a embarcar nos navios negreiros. O trajeto de navio pelo oceano Atlântico era realizado em péssimas condições e muitos não resistiam à viagem. As más condições dos navios facilitavam a propagação de doenças, causando muitas mortes. Por isso, esses navios também ficaram conhecidos como "tumbeiros", numa referência às tumbas onde as pessoas mortas eram depositadas.

O comércio de pessoas escravizadas enriqueceu muitos comerciantes portugueses e também africanos de diversas partes da África, que viviam do tráfico.

Negros no fundo do porão [O navio negreiro], litografia colorida à mão de Johann Moritz Rugendas, século XIX.

Atividades

1 Leia o que conta o avô de um menino, chamado Chico, sobre a história dos africanos escravizados no Brasil. Depois, responda às questões.

"[...] houve um tempo no Brasil em que alguns homens eram donos de outros homens, e estes, por isso, eram chamados de escravos."

"Mas como uma pessoa comprava outra?", perguntou o Chico. "Ia até a loja e as pessoas estavam lá para serem vendidas? E as crianças, elas também eram escravas?"

[...]

"Esquisito, não é? Gente sendo vendida, alugada, rifada... Sendo anunciada pelo jornal... Mas era assim no Brasil daquele tempo."

"Por quê?", perguntou logo o Chico.

"Porque os portugueses que vieram para o Brasil precisavam de gente para plantar, para fazer o Brasil. Eles não eram muitos e os índios brasileiros eram difíceis de escravizar. Afinal, estavam na terra deles, conheciam muito mais este Brasil do que os portugueses, escapavam fácil."

[...]

"E eles vendiam os escravos do mesmo jeito que as pessoas vendem as coisas na feira hoje. [...] Os escravos eram tratados como coisas, animais. Às vezes, eles ficavam num lugar até engordar para poder ser vendidos por um preço melhor. Sem dúvida a escravidão era uma coisa absurda. Significava o total domínio de um ser humano sobre o outro. Um direito de vida e morte sobre outra pessoa. E isso é desumano."

"Mas eles não sentiam nada, não reclamavam, não lutavam para se libertar?", perguntou o Chico, indignado.

"Claro que sentiam, afinal eram gente", respondeu o avô. "[...] Alguns morriam de tristeza, tinham até uma palavra [...] para chamar essa saudade profunda que sentiam do seu país e da liberdade perdida: banzo. Outros fugiam e se internavam nas matas criando os quilombos, espécie de cidades livres formadas só por escravos fugidos. Mas foram poucos, porque vieram milhares e milhares de africanos para cá [...]. Esses africanos ou ficavam na cidade e iam trabalhar nas casas, no comércio, nas ruas, ou iam para fazendas, como esta do meu avô, trabalhar nas plantações."

A história dos escravos, de Isabel Lustosa.
São Paulo: Companhia das Letrinhas, 2000.

a) Leia novamente o primeiro parágrafo do texto. Na sua opinião, é possível alguém ser "dono" de alguém? Justifique sua resposta.

b) De acordo com o texto, de que forma os africanos escravizados tentavam resistir à escravidão?

c) Quais eram as atividades realizadas pelos escravizados?

2 Um dos maiores símbolos da resistência à escravidão da história do Brasil foi o Quilombo dos Palmares, que chegou a abrigar quase 20 mil africanos fugidos dos maus-tratos. Localizado entre os estados de Alagoas e Pernambuco, Palmares foi formado no século XVI por escravos que trabalhavam nas fazendas de cana-de-açúcar da região. Zumbi dos Palmares, representado na imagem ao lado, foi o último líder desse quilombo. Em grupo, façam o que se pede.

- Pesquisem em livros, revistas ou na internet mais informações sobre o Quilombo dos Palmares e Zumbi. Elaborem uma apresentação com as informações obtidas e apresentem à turma.

Zumbi, óleo sobre tela de Antônio Parreiras, 1927.

Braços para o trabalho

Desde o começo da colonização, no século XVI, os portugueses já traziam africanos para trabalhar como escravos nos engenhos de cana-de-açúcar instalados em território brasileiro. A população africana escravizada também foi levada às regiões das minas para trabalhar na extração de ouro e diamante.

Ao longo do século XIX, houve um grande crescimento econômico com a expansão do cultivo de café no Rio de Janeiro e em São Paulo. A mão de obra escrava passou a ser usada também nos cafezais.

Em 1850, quando o tráfico de africanos escravizados para o Brasil foi proibido, muitos fazendeiros passaram a comprar pessoas escravizadas de outras regiões brasileiras.

Colheita de café na Tijuca, litografia colorida à mão de Johann Moritz Rugendas, século XIX.

A diversidade da população africana escravizada

Embora pertencentes a diferentes povos africanos, todos os escravizados chegavam ao Brasil como "negros da Guiné". Recebiam esse nome porque os traficantes de escravos chamavam de Guiné a costa ocidental da África, de onde saíam os navios negreiros.

Essas populações, no entanto, tinham diferentes origens, bem como hábitos, costumes, saberes e língua próprios.

As principais origens de escravos africanos trazidos para o Brasil, entre os séculos XVI e XVIII, foram da atual região do Golfo da Guiné e dos atuais países Angola e Moçambique. Esse fluxo dependia dos diversos grupos comerciais de traficantes de escravos (portugueses, africanos e brasileiros).

Observe, no mapa abaixo, as principais rotas do comércio de escravos para o Brasil entre os séculos XVI e XIX.

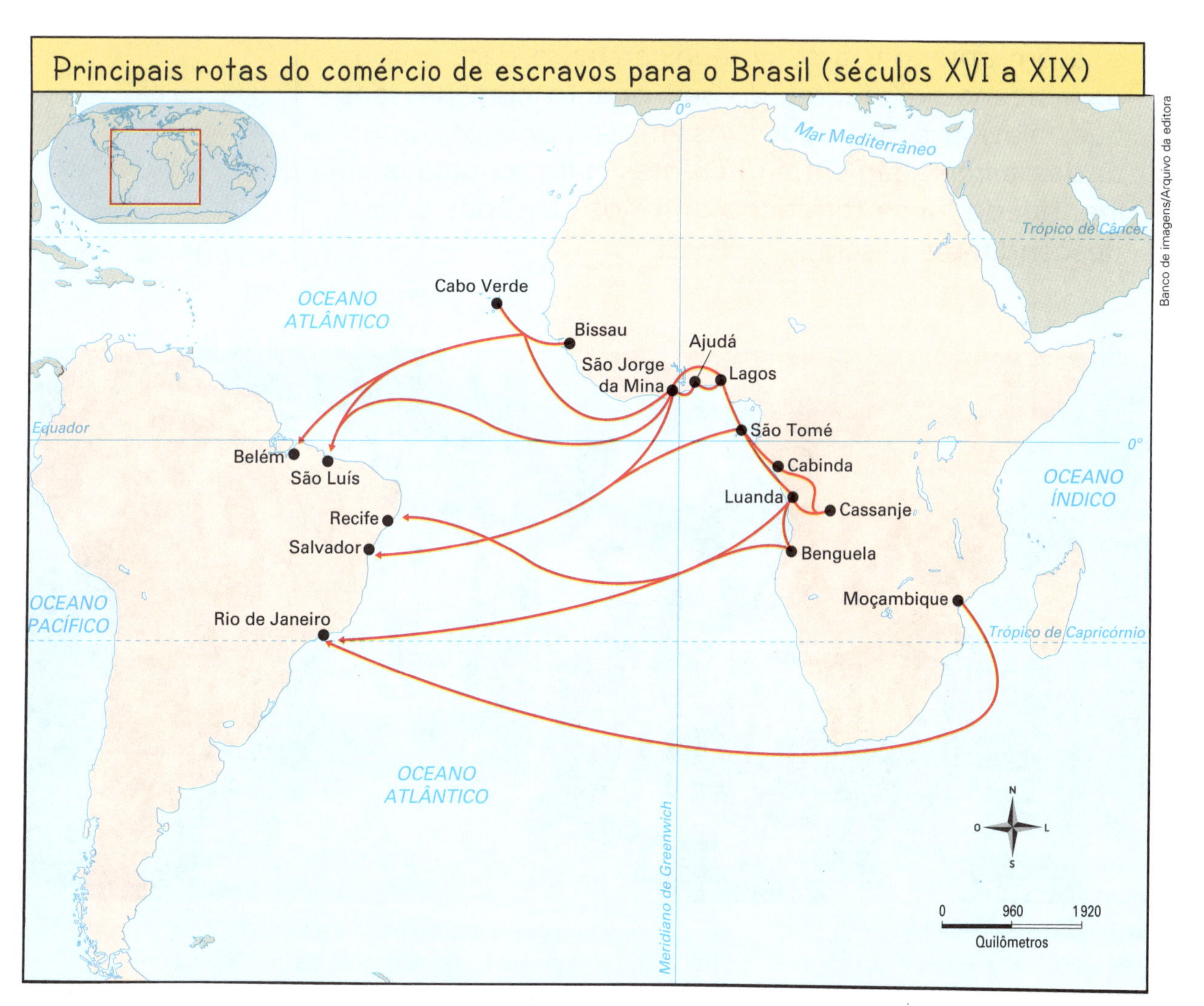

Fonte: elaborado com base em **África e Brasil africano**, de Marina de Mello e Souza. São Paulo: Ática, 2012.

Saiba mais 

Nações africanas

A África é um continente multicultural, formado, atualmente, por 54 países. Se no Brasil encontramos tantos costumes e crenças diferentes, imagine em um continente três vezes maior que a Europa! São povos falantes de mais de mil idiomas e dialetos variados, com hábitos muito distintos entre si.

Os grupos africanos trazidos para o Brasil entre os séculos XVI e XIX também eram muito variados. Havia bantos, benguelas, sudaneses, entre outros. Como vimos, cada um desses povos tinha suas próprias tradições, crenças, hábitos e idiomas.

Ao serem escravizados, embora tivessem seus laços com a família e o seu grupo rompidos, os africanos ainda carregavam consigo seus costumes e crenças, além de conhecimentos muito antigos, inclusive nas áreas da agricultura e metalurgia.

Quando chegavam ao Brasil, os escravizados precisavam aprender a se comunicar tanto com grupos de africanos diferentes do seu quanto com pessoas que falavam o português. Assim, aos poucos, a partir dessa interação entre diferentes culturas, uma nova identidade foi se formando entre os africanos e seus **descendentes** nascidos no Brasil.

descendentes: pessoas de geração posterior à geração de outro indivíduo (com relação de parentesco) ou que têm origem ligada a determinada etnia.

Adriano Kirihara/Pulsar Imagens

Reisado de Inhanhum, na comunidade quilombola de Inhanhum, em Santa Maria da Boa Vista (PE), 2019. O reisado é um exemplo de tradição formada no Brasil por meio da interação entre diferentes culturas. Essa tradição é mantida pelos descendentes de africanos que vivem atualmente nessa comunidade quilombola, e é considerada um Patrimônio Vivo de Pernambuco.

Atividades

1 Leia o anúncio de jornal ao lado. Como você imagina que se sentiam as pessoas anunciadas? Converse com os colegas e com o professor.

AMA
DE LEITE.

VENDE-SE uma preta, muito moça com cria ; sabendo lavar perfeitamente, e bem desembaraçada para o serviço doméstico : é muito sadia, e o motivo da venda, é não querer servir mais a seus antigos senhores. Para tratar—no largo do carmo, numero 75—sobrado.

Anúncio feito no jornal **Correio Paulistano** em meados do século XIX.

2 Observe as imagens abaixo de africanos trazidos ao Brasil na condição de escravos. Elas foram feitas por um importante artista alemão no século XIX.

Benguela, **Angola**, **Congo**, **Monjolo**, litografias coloridas à mão de Johann Moritz Rugendas, cerca de 1835. Essas imagens retratam rostos de diferentes povos africanos que foram trazidos para o Brasil na condição de escravos.

- Observando essas imagens e o mapa da página 111, é correto afirmar que as pessoas escravizadas que vieram da África para o Brasil faziam parte de um mesmo povo? Por quê?

....

....

....

....

3 Leia abaixo o depoimento de Baquaqua, um africano escravizado enviado ilegalmente para o Brasil em um navio negreiro, em 1845. Baquaqua era muçulmano e filho de um comerciante africano. Sabia ler e escrever. Nem todos os africanos trazidos para o Brasil na condição de escravos eram escravos em suas terras de origem.

> Fomos arremessados, nus, porão adentro, os homens apinhados de um lado, e as mulheres de outro. O porão era tão baixo que não podíamos ficar de pé, éramos obrigados a nos agachar ou sentar no chão. Dia e noite eram iguais para nós, o sono sendo negado devido ao confinamento de nossos corpos.

Autobiografia de africano escravizado no Brasil é traduzida, de Tory Oliveira. **Carta Educação**. Disponível em: <www.cartaeducacao.com.br/reportagens/unica-autobiografia-de-ex-escravo-no-brasil-e-traduzida/>. Acesso em: 24 abr. 2019.

a) Como os africanos trazidos ao Brasil na condição de escravos eram tratados?

....

....

....

b) Imagine como era estar entre muitas pessoas desconhecidas, com costumes, crenças e valores diferentes dos seus, e longe de seu lugar de origem. Você já passou por essa experiência? Em caso afirmativo, relate abaixo como foi. Caso não tenha vivido essa experiência, escreva como acha que se sentiria se passasse por isso. Depois, compartilhe suas impressões com os colegas.

....

....

....

....

....

....

....

12 O FIM DA ESCRAVIDÃO

Entre os séculos XVI e XIX, a maior parte do trabalho no Brasil foi realizada por mão de obra escravizada.

No entanto, na segunda metade do século XIX, esse sistema se tornou menos vantajoso para a nova economia que se instalava no Brasil. Com a expansão das indústrias na Europa e na América do Norte, era necessário que houvesse mão de obra assalariada, capaz de comprar os produtos produzidos.

Alguns fazendeiros do Nordeste e do Vale do Paraíba que ainda dependiam da mão de obra escravizada insistiam para que ela fosse mantida. Contudo, diversos setores da sociedade se mostraram favoráveis ao fim da escravidão e se mobilizaram em diversas **campanhas abolicionistas**.

campanhas abolicionistas: movimentos organizados para combater o regime escravocrata no Brasil. Participaram desses movimentos jornalistas, intelectuais, advogados e estudantes.

Em 1888, a princesa Isabel, filha do imperador dom Pedro II, governava o país em lugar do pai, que estava ausente. Foi ela quem assinou a **Lei Áurea**, pondo fim à escravidão no Brasil.

Luiz Ferreira/Coleção particular

Comemoração da assinatura do Decreto da Abolição da Escravidão no Paço Imperial, no Rio de Janeiro (RJ), 1888.

A Abolição da Escravatura não foi um presente da princesa Isabel aos africanos escravizados. A liberdade só foi concedida depois de muita pressão da Inglaterra ao governo brasileiro, incluindo o não reconhecimento da independência do Brasil, caso não acabasse com a escravidão. Na época, a Inglaterra era o centro das decisões sobre questões comerciais e diplomáticas internacionais, o que deu força à luta dos abolicionistas e dos próprios escravizados, que se rebelavam contra sua condição.

A situação dos escravos libertos

A situação dos escravizados, após se tornarem livres, não foi acompanhada de ações que os integrassem à sociedade. Os negros livres sofriam discriminação e tinham dificuldade para conseguir trabalho para se sustentar.

Alguns deles foram trabalhar nas cidades, enquanto outros permaneceram no campo, trabalhando e recebendo baixos salários. Outros, ainda, juntaram-se às populações dos quilombos, que existiam desde a época dos engenhos de açúcar. Contudo, muitos não encontraram trabalho e moradia e passaram a viver em condições precárias.

Reprodução/Coleção particular

Africanos e descendentes de africanos (chamados de afrodescendentes) recém-libertos, na Bahia, cerca de 1900.

Atividades

1 Converse com os colegas e responda às questões abaixo.

a) A quem não interessava o fim da escravidão?

....

....

b) E a quem interessava economicamente o fim da escravidão?

....

....

2 Leia o texto abaixo e responda às questões.

Os movimentos negros veem no 13 de Maio, data da assinatura da Lei Áurea, uma farsa. A Lei Áurea tem esse nome por ser a mais importante lei abolicionista na visão das elites. Esta lei aboliu, oficialmente, a escravidão. A farsa está porque a lei não trouxe nenhuma proteção nem políticas públicas que possibilitassem ao ex-escravo condições de vida. Por isso, os movimentos negros preferem comemorar o dia 20 de Novembro, considerado por eles como o Dia da Consciência Negra. A abolição ainda é um sonho que está se conquistando todos os dias nas lutas e nos movimentos afro-brasileiros.

Brasil afro-brasileiro: cultura, história e memória, de Manoel Alves de Sousa. Fortaleza: Imeph, 2009.

a) De acordo com o que você já estudou, apesar dos movimentos abolicionistas e da luta dos escravos, o que foi determinante para a abolição da escravidão no Brasil?

....

b) Por que a Lei Áurea é considerada uma farsa pelos movimentos negros?

....

....

....

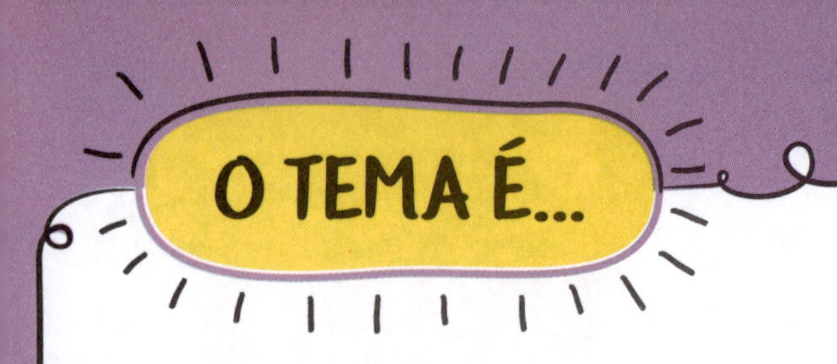

As condições de vida da população negra brasileira

15 de julho de 1955 Aniversário de minha filha Vera Eunice. Eu pretendia comprar um par de sapatos para ela. Mas o custo dos gêneros alimentícios nos impede a realização dos nossos desejos. Atualmente somos escravos do custo de vida. Eu achei um par de sapatos no lixo, lavei e remendei para ela calçar.

[...]

28 de maio [de 1957] ... A vida é igual um livro. Só depois de ter lido é que sabemos o que encerra. E nós quando estamos no fim da vida é que sabemos como a nossa vida decorreu. A minha, até aqui, tem sido preta. Preta é a minha pele. Preto é o lugar onde eu moro.

Quarto de despejo: diário de uma favelada, de Carolina Maria de Jesus. São Paulo: Livraria Francisco Alves, 1960. p. 5 e 147.

Acervo Ultima Hora/Folhapress

No dia 14 de março de 2014 foi comemorado o centenário de Carolina Maria de Jesus. Seu livro **Quarto de despejo: diário de uma favelada**, escrito em cadernos que ela encontrava no lixo, foi publicado em 1960 e traduzido para mais de treze idiomas.

- Na sua opinião, o que a autora quis dizer com a frase "Preto é o lugar onde eu moro"?
- Atualmente, você acha que a população brasileira ainda enfrenta situações parecidas com a descrita por Carolina Maria de Jesus? Esse tipo de situação é enfrentado exclusivamente por pessoas negras? Justifique suas respostas.
- O diário pode ser considerado um documento histórico. Lendo os trechos do diário da escritora, você acha que ele permite conhecer e compreender o modo de vida das pessoas descrito nele? Explique.

Em 10 anos, as desigualdades sociais relacionadas a etnia, gênero e situação de domicílio (urbano ou rural) diminuíram no país. Apesar disso, o Brasil ainda apresenta muitos contrastes entre a sua população – a exemplo dos negros, cuja renda média ainda é metade da dos brancos. É o que aponta um estudo do Instituto de Pesquisa Econômica Aplicada (Ipea) com a Fundação João Pinheiro (FJP) e com o Programa das Nações Unidas para o Desenvolvimento (Pnud), divulgado nesta quarta-feira [10 de maio de 2017].

[...]

Os dados mostram melhores resultados para brancos, para homens e para a população urbana.

[...]

Segundo o estudo, porém, houve uma redução das desigualdades e avanços em todos os indicadores para o período. [...]

Desigualdade diminui, mas renda de negros ainda é metade da de brancos no Brasil, aponta estudo, de Clara Velasco, 10 maio 2017. **G1**. Disponível em: <https://g1.globo.com/economia/noticia/desigualdade-diminui-mas-renda-de-negros-ainda-e-metade-da-de-brancos-no-brasil-aponta-estudo.ghtml>. Acesso em: 24 abr. 2019.

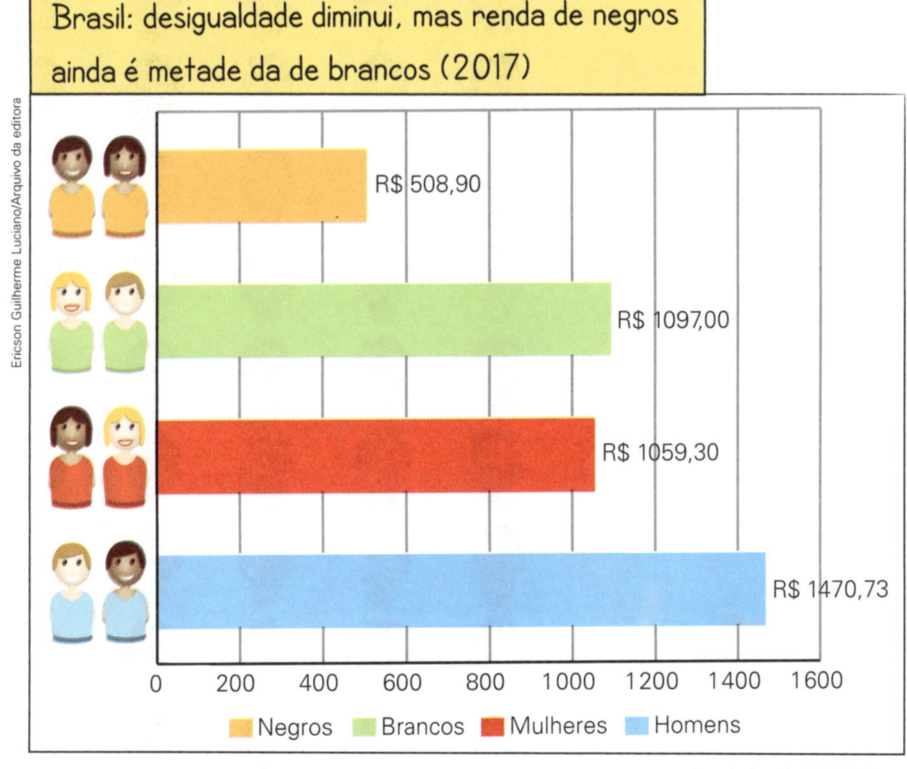

Fonte: elaborado com base em Desigualdade diminui, mas renda de negros ainda é metade da de brancos no Brasil, aponta estudo, de Clara Velasco. **G1**, 10 maio 2017. Disponível em: <https://g1.globo.com/economia/noticia/desigualdade-diminui-mas-renda-de-negros-ainda-e-metade-da-de-brancos-no-brasil-aponta-estudo.ghtml>. Acesso em: 24 abr. 2019.

*O estudo analisa o Índice de Desenvolvimento Humano Municipal (IDHM) e outros 170 dados socioeconômicos por cor, sexo e situação de domicílio dos anos censitários de 2000 e 2010, para mostrar como a vida dos brasileiros mudou ao longo da década.

- De acordo com o gráfico, quem ganha mais? E quem ganha menos?
- O que é mais grave no Brasil: a diferença entre homens e mulheres ou a diferença entre brancos e negros?

13 RESISTÊNCIA E INFLUÊNCIAS CULTURAIS DOS AFRICANOS

A maioria dos milhões de mulheres e homens africanos trazidos à força ao Brasil para trabalhar chegou no período colonial. Essas pessoas foram levadas para todas as regiões da colônia, mas se concentraram principalmente no nordeste e no sudeste.

Até hoje a presença de população de origem africana no país é significativa, como você pode observar no gráfico abaixo.

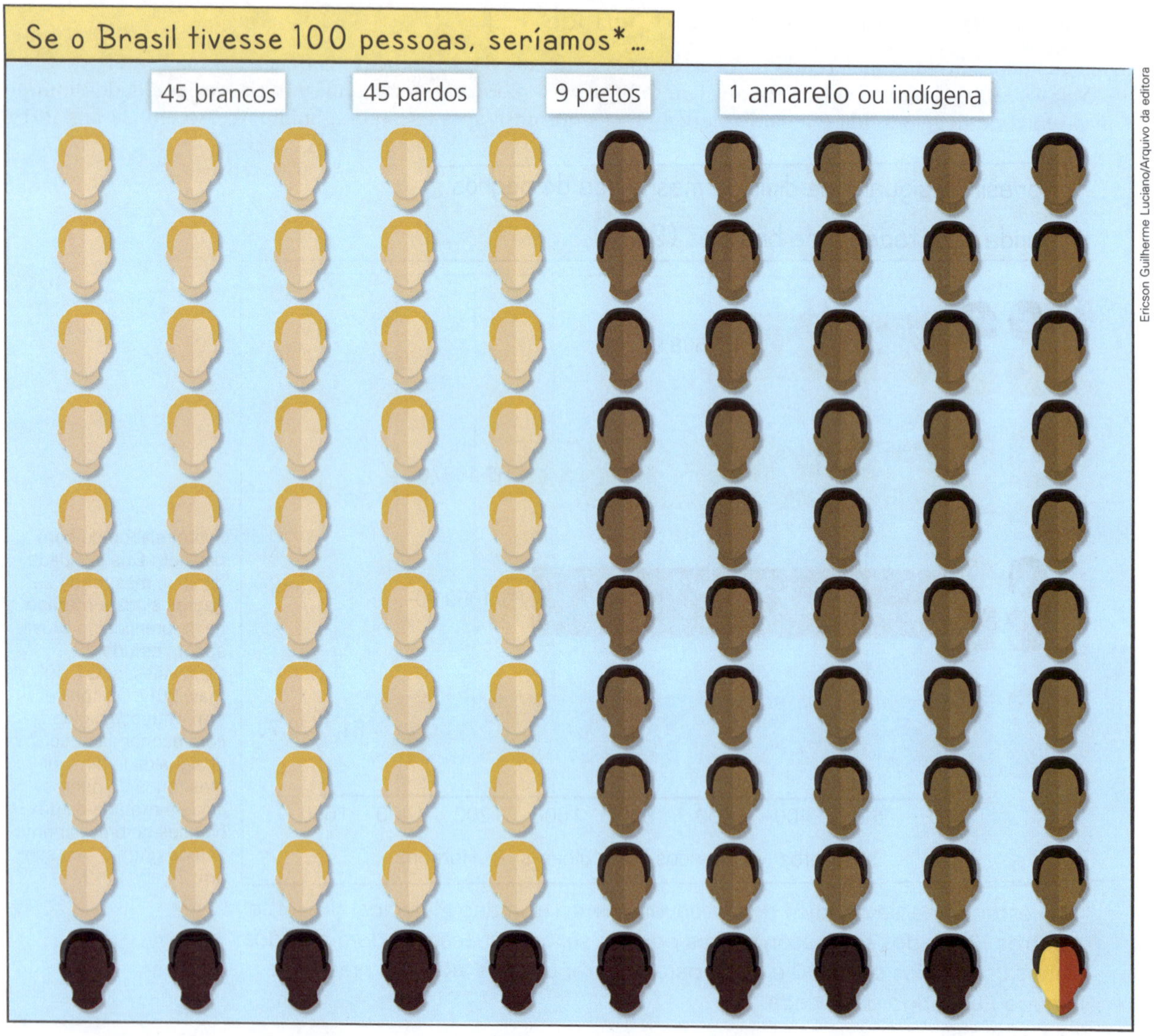

Se o Brasil tivesse 100 pessoas, seríamos*...
45 brancos
45 pardos
9 pretos
1 amarelo ou indígena
Ericson Guilherme Luciano/Arquivo da editora

Fonte: elaborado com base em IBGE. **Pesquisa Nacional por Amostra de Domicílios (PNAD) 2015**. Disponível em: <https://cnae.ibge.gov.br/en/component/content/article/95-7a12/7a12-vamos-conhecer-o-brasil/nosso-povo/16049-cor-ou-raca.html>. Acesso em: 30 jan. 2019.

*Ilustração simplificada para fins pedagógicos. Informação fornecida por autodeclaração.

A resistência africana

A escravidão durou mais de 300 anos no Brasil. Ao longo desse tempo, os africanos e seus descendentes nascidos aqui resistiram e lutaram de várias maneiras.

Entre essas formas de resistência estavam recusar-se ao trabalho, fugir, ou rebelar-se. Em alguns casos, era possível conseguir a liberdade comprando um documento chamado **Carta de Alforria**, com o qual o escravizado era libertado em troca de uma certa quantia em dinheiro.

Havia, ainda, outra forma de resistir à escravidão: manter vivas as tradições africanas, como os costumes, o idioma e a religião de cada povo.

A origem de muitas das manifestações consideradas símbolos da cultura brasileira na atualidade está relacionada a tradições e costumes africanos.

A permanência de muitos desses costumes só foi possível por meio da luta dos negros, que resistiram a inúmeras dificuldades, apesar de serem agressivamente reprimidos ao manifestar suas tradições, crenças e valores.

Ricardo Teles/Pulsar Imagens

Grupo de Congada na festa de Nossa Senhora do Rosário dos Homens Pretos, em Serro (MG), 2013. Tradicionalmente representadas ao lado de igrejas, em louvor a Nossa Senhora do Rosário ou a São Benedito, as festas do Rosário, entre elas a Congada, foram sempre organizadas por africanos escravizados ou libertos e irmandades religiosas, fazendo parte das tradições brasileiras desde o século XVIII.

A influência africana na cultura brasileira

Foram muitas as contribuições dos povos africanos para a cultura brasileira. É possível perceber suas influências nas músicas, nas danças, na religião e na língua de nosso país.

Diversas palavras de origem africana, por exemplo, estão incorporadas ao nosso vocabulário, como: quindim, moleque, babá, cafuné, ginga, entre outras.

A influência africana também está presente em festas populares brasileiras e em outras expressões artísticas. O samba, o batuque e a capoeira, por exemplo, também se desenvolveram entre os descendentes dos africanos.

Danse Batuca, litografia colorida à mão de Johann Moritz Rugendas, cerca de 1835.

Os povos africanos também contribuíram com os rituais religiosos do candomblé e as festas em homenagem aos santos e **orixás**. O candomblé foi trazido ao Brasil pelos escravos nagôs (iorubas) a partir do século XVI, mas também era praticado por escravos vindos de outras regiões da África, com semelhanças e diferenças culturais.

Os cultos religiosos, as danças e os ritmos musicais africanos são marcantes sobretudo nas regiões que receberam maiores contingentes de negros. Desenvolveram-se principalmente nas cidades, onde os negros possuíam um pouco de autonomia e, por isso, seus esforços para melhorar as condições econômica e social geravam mais resultados. Isso permitiu que essas manifestações afro-brasileiras ganhassem cada vez mais importância.

Ruben M Ramos/Shutterstock

Mulheres prontas para cerimônia do candomblé em Salvador (BA), 2018.

Saiba mais

Capoeira

Inicialmente desenvolvida para ser uma defesa, a capoeira era ensinada aos negros cativos por escravos que eram capturados e voltavam aos engenhos. Os movimentos de luta foram adaptados às cantorias africanas e ficaram mais parecidos com uma dança, permitindo assim que treinassem nos engenhos sem levantar suspeitas dos capatazes.

Kleber Cordeiro/Shutterstock

Roda de capoeira em Cabedelo (PB), 2017.

Durante décadas, a capoeira foi proibida no Brasil. A liberação da prática aconteceu apenas na década de 1930, quando uma variação (mais próxima de esporte do que de manifestação cultural) foi apresentada ao então presidente Getúlio Vargas, em 1953, pelo Mestre Bimba. O presidente adorou e a chamou de "único esporte verdadeiramente nacional".

A Capoeira é hoje Patrimônio Cultural Brasileiro e recebeu, em novembro de 2014, o título de Patrimônio Cultural Imaterial da Humanidade.

Cultura afro-brasileira se manifesta na música, religião e culinária. **Portal Brasil**, Brasília, 4 out. 2009. Disponível em: <www.brasil.gov.br/noticias/cultura/2009/10/cultura-afro-brasileira-se-manifesta-na-musica-religiao-e-culinaria>. Acesso em: 7 jan. 2019.

Comidas de origem africana

Você sabia que muitos pratos típicos brasileiros têm origem na culinária africana? A feijoada, por exemplo, era feita nas senzalas com as sobras de carnes que os senhores de engenho não consumiam.

Outros pratos muito conhecidos especialmente na região Nordeste do Brasil também nasceram das comidas africanas, algumas delas dedicadas aos orixás.

Paulo Vilela/Shutterstock

Feijoada

Bernard Martinez/Opção Brasil Imagens

O acarajé é um bolinho feito de feijão-fradinho, bastante temperado, misturado com camarão seco moído e frito em azeite de dendê. Com os africanos vieram também ingredientes como o dendê, o quiabo, entre outros.

Iuliia Timofeeva/Shutterstock

O abará, o quibebe, o acaçá e o cuscuz são outros pratos brasileiros cuja origem está associada à culinária africana do período da escravidão.

O mugunzá é um tipo de mingau feito de milho em grão e servido doce, com leite de coco, ou salgado, com leite. É oferecido, nos rituais do candomblé, como oferenda para os orixás.

1 O Brasil é considerado o país que tem a maior população negra fora da África. Que evento da história do Brasil justifica essa afirmação?

....

....

....

....

2 Por que preservar suas tradições era uma forma de resistência para os africanos escravizados? Converse com os colegas e com o professor e registre abaixo as suas conclusões.

....

....

....

....

3 Faça de conta que você é um repórter e vai divulgar a libertação dos escravos pela promulgação da Lei Áurea. Elabore uma notícia para contar essa história.

....

....

....

....

....

....

....

4 Leia a seguir a letra de um samba-enredo em comemoração aos cem anos da abolição da escravatura.

Cem anos de liberdade: realidade ou ilusão?

Será... Que já raiou a liberdade

Ou se foi tudo ilusão

Será...

Que a Lei Áurea tão sonhada

Há tanto tempo imaginada

Não foi o fim da escravidão

Hoje dentro da realidade

Onde está a liberdade

Onde está que ninguém viu

Moço...

Não se esqueça que o negro também construiu

As riquezas do nosso Brasil

Pergunte ao Criador

Quem pintou esta aquarela

<u>Livre do açoite da senzala</u>

<u>Preso na miséria da favela</u>

[...]

Ricardo Dantas/Arquivo da editora

Cem anos de liberdade: realidade ou ilusão?, de Hélio Turco, Jurandir e Alvinho. Rio de Janeiro: Editora Musical Escola de Samba, 1988.

a) De acordo com o samba, a escravidão acabou? Converse com os colegas e com o professor.

b) Escreva, com suas palavras, o significado dos versos destacados.

....

....

....

....

5 Leia abaixo as palavras de origem africana e copie-as no quadro, nas colunas correspondentes.

maracatu	**vatapá**	**samba**
acarajé	**bongô**	**ganzá**
berimbau	**abará**	**congo**

Alimentos	Instrumentos musicais	Ritmos

6 Leia o texto abaixo e responda às questões.

Atualmente, quase metade da população brasileira possui **ascendência africana**.

Desde o início da escravidão até 1888, quando ela foi abolida, os negros sempre procuraram formas de resistir à escravidão. As fugas e a formação dos quilombos eram algumas dessas formas de resistência. Ainda hoje existem, em quase todo o Brasil, comunidades formadas por descendentes dos antigos fundadores dos quilombos. De acordo com a lei, elas têm direito às terras que ocupam; no entanto, sofrem ameaças frequentes de empresas interessadas em explorar os recursos naturais dessas terras.

- Faça uma pesquisa em livros, jornais, revistas e na internet sobre os quilombos que ainda existem hoje no Brasil (onde se localizam, como é o dia a dia dos moradores, entre outras informações). Registre no caderno o que você descobrir.

14 CHEGAM OS IMIGRANTES

Após a proibição do tráfico de africanos escravizados para o Brasil, em 1850, era preciso conseguir mão de obra para as lavouras de café. Com o tempo, os fazendeiros estavam convencidos de que a produção do trabalhador livre (no caso, o **imigrante**) rendia mais, entre outros motivos, porque ele era incentivado pelo pagamento, era experiente no trabalho e tinha ambição de conseguir melhores condições de vida no novo continente. Além disso, na época, a Europa estava mergulhada em uma intensa crise econômica.

imigrante: pessoa que deixa seu país de origem e passa a viver em outro.

Todos esses fatores foram determinantes para a vinda ao Brasil de milhares de imigrantes europeus, especialmente as pessoas mais pobres.

Origem dos imigrantes no Brasil (1884-1940)

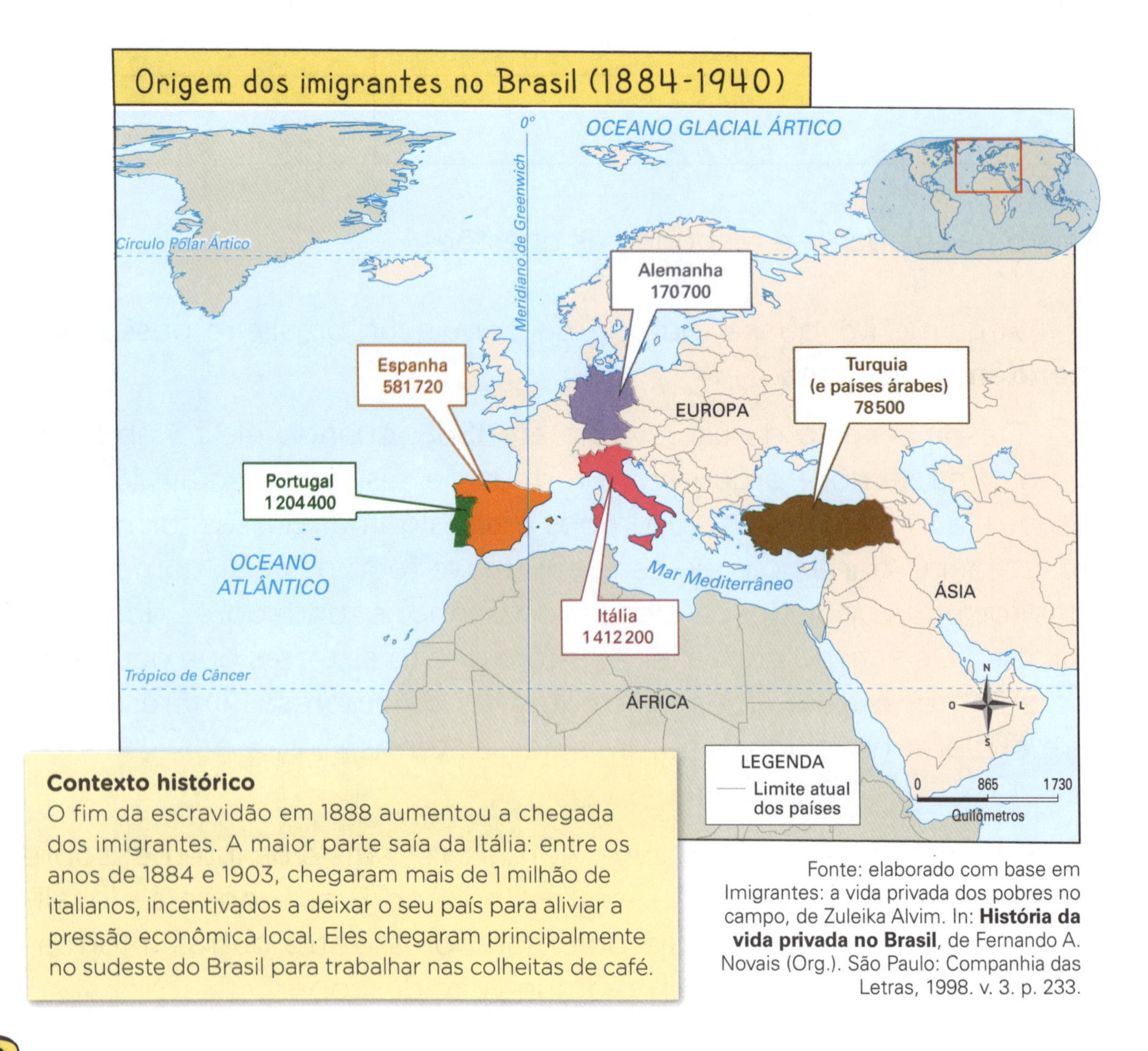

Fonte: elaborado com base em Imigrantes: a vida privada dos pobres no campo, de Zuleika Alvim. In: **História da vida privada no Brasil**, de Fernando A. Novais (Org.). São Paulo: Companhia das Letras, 1998. v. 3. p. 233.

Contexto histórico

O fim da escravidão em 1888 aumentou a chegada dos imigrantes. A maior parte saía da Itália: entre os anos de 1884 e 1903, chegaram mais de 1 milhão de italianos, incentivados a deixar o seu país para aliviar a pressão econômica local. Eles chegaram principalmente no sudeste do Brasil para trabalhar nas colheitas de café.

A partir de 1871, os governos das províncias passaram a oferecer ajuda financeira para a vinda dos imigrantes, financiando as passagens e a instalação deles no Brasil.

A maior parte dos imigrantes que chegaram ao Brasil entre 1872 e 1920 foi atraída pela colonização de novas terras no sul do país e pelo trabalho nas fazendas de café do sudeste.

Os imigrantes traziam suas famílias e formavam colônias. São Paulo, por exemplo, recebeu sobretudo italianos, espanhóis e portugueses. Os estados da atual região Sul receberam muitos alemães e holandeses.

Guilherme Gaensly/Fundação do Patrimônio Histórico da Energia de São Paulo, SP.

A hospedaria dos imigrantes, em São Paulo (SP), recebia muitos imigrantes recém-chegados. Lá eles eram alojados até que pudessem se dirigir às fazendas do interior do estado. Foto de cerca de 1900.

Entre 1884 e 1940, o Brasil também receberia imigrantes de outras nacionalidades, como os japoneses. Eles foram o último grupo de imigrantes a se instalar nas fazendas de café do interior paulista. Todos eles vinham na esperança de trabalhar, comprar um pedaço de terra e se transformar em pequenos proprietários. Entretanto, nem sempre isso acontecia. Outros grupos de imigrantes, como os sírios e os libaneses, se estabeleceram principalmente no comércio.

Brasil de muitos povos

Você já viu que o território brasileiro foi ocupado por diversos povos que para cá migraram em diferentes épocas. Além dos indígenas que já viviam aqui, vieram portugueses, africanos e imigrantes europeus e asiáticos.

Todos esses grupos e suas diferentes culturas contribuíram para a formação do povo brasileiro. Ainda hoje, nossa cultura e nosso modo de viver se transformam com a vinda de migrantes que continuam chegando e contribuem com novas ideias, costumes, comidas, festas e tradições.

Alexandre Tokitaka/Pulsar Imagens

Festa de casamento realizada pela comunidade de imigrantes bolivianos em São Paulo (SP), 2016.

Alexandre Tokitaka/Pulsar Imagens

12ª festa do Ano-Novo chinês no bairro da Liberdade, em São Paulo (SP), 2017.

Razões para imigrar

Atualmente o Brasil tem recebido um **fluxo** muito grande de imigrantes haitianos, venezuelanos, cubanos, congoleses, bolivianos e sírios. Alguns vêm em busca de melhores condições de vida e outros procuram refúgio para se proteger de perseguições políticas e religiosas.

fluxo: movimento contínuo de algo que segue determinada direção.

Mourão Panda/Fotoarena

Refugiados sírios em manifestação pela paz na Síria antes de partida de futebol em Belo Horizonte (MG), 2015.

Saiba mais

Dificuldades enfrentadas pelos refugiados

O que faz o refugiado partir de seu país de origem está muitas vezes ligado a uma questão política ou a uma questão de sobrevivência.

O refugiado chega ao novo país sem conhecer o idioma local, sem uma rede de apoio, sem amigos, sem emprego e, às vezes, até sem os documentos do seu país de origem.

Além da dificuldade de recomeçar a vida em outro lugar, com costumes e culturas diferentes dos seus, as pessoas que saem de seu país em busca de uma vida mais segura têm de enfrentar também, muitas vezes, o preconceito.

Até o final de 2017, foi registrado um total de 10145 refugiados de diversas nacionalidades residindo no Brasil.

Atividades

1 Por que os imigrantes foram incentivados a vir em maior número para o Brasil a partir da segunda metade do século XIX?

....

....

....

....

....

....

2 Observe o cartaz abaixo, distribuído pelo governo brasileiro no século XIX. Depois, leia a legenda e responda à pergunta.

- De acordo com a propaganda, o que os imigrantes europeus iriam encontrar no Brasil?

....

....

....

....

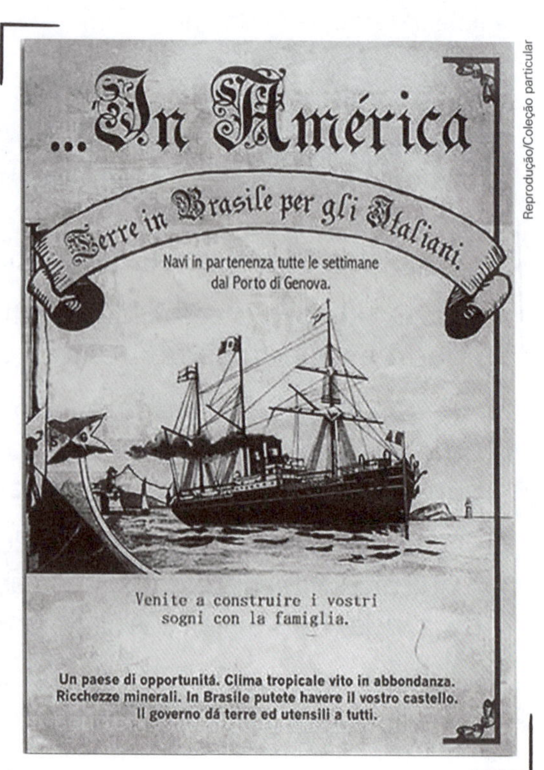

Cartaz estimulando a migração para o Brasil. Nele se lê: "Na América. Terras no Brasil para os italianos. Navios partindo toda semana do porto de Gênova. Venham construir seus sonhos com a família. Um país de oportunidades. Clima tropical e abundância de riquezas minerais. No Brasil vocês podem ter o seu castelo. O governo dá terras e ferramentas para todos".

3 O gráfico a seguir mostra a proporção de imigrantes que vieram para o Brasil de 1870 até 1939. Observe-o.

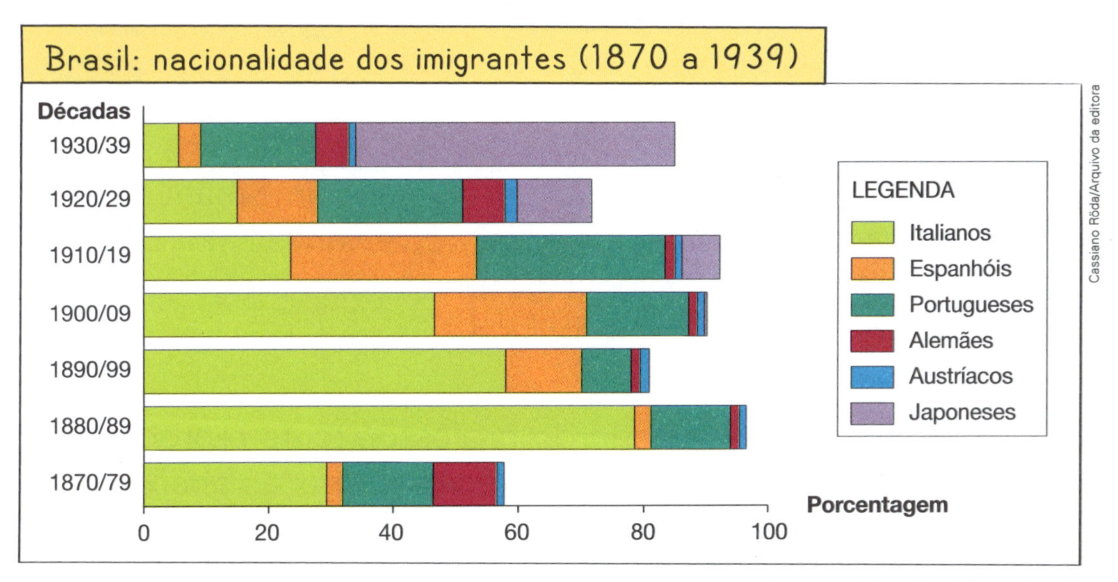

Fonte: elaborado com base em **Atlas História do Brasil**, de Flávio de Campos e Miriam Dolhnikoff. 3. ed. São Paulo: Scipione, 2000. p. 45.

- Com base no gráfico, responda às questões.

a) De que país veio a maioria dos imigrantes que chegou ao Brasil nesse período?

....

b) Em que período chegou a maior quantidade de japoneses?

....

4 Na sua opinião, que motivos levam uma pessoa a imigrar, isto é, deixar o seu local de origem?

....

....

....

....

5 Os imigrantes tiveram forte influência na vida do povo brasileiro. Na sua família há algum imigrante? Em caso afirmativo, conte à turma qual é o país de origem dessa pessoa. Depois, ouça os relatos dos colegas sobre o país de origem dos membros da família deles.

Movimentos da capoeira

Como vimos, a capoeira pode ser considerada uma manifestação cultural, uma dança e um esporte. Ela desenvolve várias habilidades, como ritmo, coordenação motora, velocidade, precisão, entre outras. Veja agora como fazer alguns dos movimentos da capoeira.

1 Em dupla e com a orientação do professor, tente reproduzir alguns dos movimentos da capoeira, conforme a ilustração abaixo.

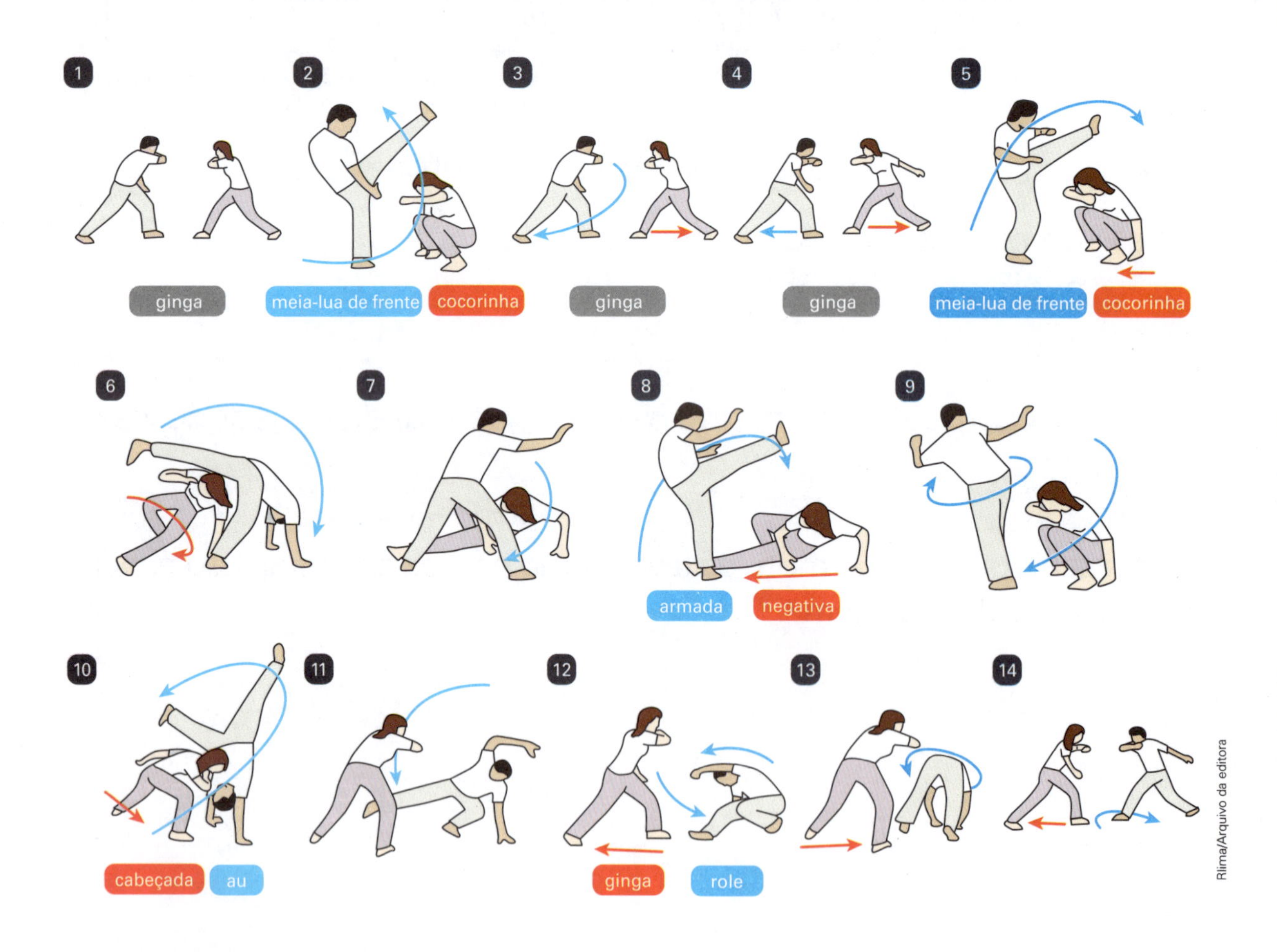

Rlima/Arquivo da editora

2 Faça os movimentos de maneira lenta e a uma distância segura de seu colega, para não acertá-lo. Atenção: façam esses movimentos sob a orientação de um adulto.

GEOGRAFIA

SUMÁRIO

João Prudente/Pulsar Imagens

Delfim Martins/Pulsar Imagens

UNIDADE 3 — OS MEIOS DE TRANSPORTE E DE COMUNICAÇÃO 208

Delfim Martins/Pulsar Imagens

UNIDADE 4 — ESTUDANDO A PAISAGEM 232

Tales Azzi/Pulsar Imagens

UNIDADE 1

A CIDADE E O CAMPO NO MUNICÍPIO

Entre nesta roda

- Quais são as características da área urbana e da área rural do município da ilustração?
- Como estão representadas as relações entre campo e cidade na ilustração?
- No município onde você mora, quais são as atividades que ocorrem no campo? E quais são as que ocorrem na cidade?

Nesta Unidade vamos estudar...

- O município
- Área urbana e área rural
- Os estados e as regiões do Brasil
- A diversidade de paisagens do Brasil

Marcos de Mello/Arquivo da editora

1 O MUNICÍPIO

O Brasil está organizado em estados e municípios, unidades político-administrativas, que têm leis e governo próprios, subordinados às leis federais e à Constituição da República Federativa do Brasil.

Muitas vezes, a palavra **cidade** é usada como sinônimo de município, porém elas não significam a mesma coisa. É na cidade que fica a sede do município, pois nela localizam-se:

- a prefeitura, onde trabalham o prefeito e seus auxiliares;
- a Câmara Municipal ou Câmara dos Vereadores, onde trabalham os vereadores.

Campo e cidade

Em geral, o município é formado pelo **campo**, ou área rural, e pela **cidade**, ou área urbana.

Não importa se vivemos no campo - com suas matas, florestas, sítios, fazendas e plantações - ou na cidade - com seus prédios, casas, ruas, avenidas, lojas e bancos. Todos nós, no Brasil, vivemos em um município.

Veja abaixo duas fotos do município de Varginha, em Minas Gerais.

João Prudente/Pulsar Imagens

Área urbana do município de Varginha (MG), em 2018.

João Prudente/Pulsar Imagens

Área rural do município de Varginha (MG), em 2018.

- Qual das fotos acima mostra a cidade? Qual mostra o campo?

A administração do município

O **prefeito** governa o município, administra e fiscaliza a execução dos serviços públicos. Os **vereadores**, por sua vez, elaboram as leis do município e aprovam ou **vetam** as decisões do prefeito.

vetam: não aprovam.

Ismar Ingber/Pulsar Imagens

Prefeitura de Porto Alegre (RS), em 2018.

Delfim Martins/Pulsar Imagens

Câmara Municipal de Floresta (PE), em 2014.

Os prefeitos e os vereadores são ligados a um **partido político**. Os partidos políticos são associações que reúnem pessoas com ideias semelhantes sobre como resolver os problemas da população e como governar um município, um estado ou o país. Quem escolhe os vereadores e o prefeito são os eleitores do município.

A participação popular

O prefeito, o vice-prefeito e os vereadores eleitos devem governar pensando no bem-estar de toda a população do município.

A população, por sua vez, pode e deve participar das decisões públicas e cobrar de seus representantes o cumprimento de seu trabalho para atender às necessidades do povo.

Para assegurar a participação popular na gestão do município, existem os **conselhos municipais**, formados por representantes da sociedade e do Estado. Os conselhos municipais são os canais que permitem à população discutir projetos na área de saúde, educação, infância e juventude, direitos da mulher, entre outros. Por isso, um município pode ter diferentes conselhos.

Lucas Lacaz Ruiz/Futura Press

Reunião do Conselho Municipal de Meio Ambiente em São José dos Campos (SP), 2019.

1 Complete as frases a seguir.

a) O município onde moro se chama ....

Esse município faz parte do estado de(o) ....

Eu moro na área .... do município.

b) A vida no município, assim como no estado e no país, é regulada por leis. São os .... que fazem as leis do município.

2 Agora, responda às questões.

a) Quem são os responsáveis pelo governo do município?

....

....

b) Qual é a função do prefeito no município?

....

....

....

....

3 Faça uma pesquisa para responder às questões a seguir.

a) Qual é o endereço da prefeitura do município onde você mora?

....

....

....

....

b) Qual é o nome do prefeito e o do vice-prefeito do município onde você mora?

....

....

c) Quando ocorreram as últimas eleições para as prefeituras municipais? Quando ocorrerão as próximas?

....

....

d) Qual é o nome de algum vereador eleito?

....

....

e) Quais são os conselhos existentes no município onde você mora?

....

....

....

....

f) De qual conselho você participaria? Por quê?

....

....

....

....

g) Quem são os representantes dos conselhos municipais?

....

....

....

....

4 Com um colega, escreva o que você considera necessário para ser um bom prefeito.

....

....

....

....

....

Saiba mais

História das eleições

No mundo, as eleições começaram no século XVII (dezessete), quando apareceram governos com representantes na Europa e na América do Norte. O voto surgiu no Brasil com os primeiros [...] portugueses que chegaram aqui. Isso foi resultado da tradição portuguesa, de eleger os administradores dos povoados sob seu domínio.

As primeiras eleições no Brasil aconteceram em 1821: foi a escolha de 72 representantes brasileiros junto à Corte portuguesa. Naquela época, como você sabe, o Brasil ainda era uma colônia de Portugal. Os eleitores não eram muitos: só podiam votar os homens alfabetizados e livres (os escravizados e as mulheres ficavam de fora). Um ano depois, em 1822, foi proclamada a Independência do Brasil, que deixou de ser "mandado" por Portugal. Assim, o imperador D. Pedro I mandou fazer a primeira legislação eleitoral brasileira. Mas, ainda naquela época, só quem era rico ou dono de terras podia votar.

Em 1889, foi proclamada a República: o chefe de Estado, que antes era o Rei, passou a ser o Presidente da República. A primeira Constituição da República criou o sistema presidencialista, em que o presidente e o vice-presidente deveriam ser eleitos pelo voto da sociedade. E o primeiro presidente eleito pelo povo, no Brasil, foi Prudente de Morais, para o período de 1894 a 1898.

[...]

História das eleições. **Câmara dos Deputados – Plenarinho**. Disponível em: <https://plenarinho.leg.br/index.php/2017/01/historia-das-eleicoes/>. Acesso em: 17 abr. 2019.

A cidade

Nas **cidades grandes**, o centro é bastante movimentado. Nele, podemos notar uma acentuada circulação de pessoas, que trabalham, estudam, fazem compras e vendas, entre outras atividades. Por isso, dizemos que o comércio no centro dessas cidades é intenso.

Ansioso Pensador/Shutterstock

Avenida com grande movimento de pessoas e veículos no centro da cidade de Recife (PE), em 2019.

Em geral, as cidades grandes também são compostas de bairros mais afastados do centro.

O centro das **cidades médias** e **pequenas** é mais calmo do que o das cidades grandes. O movimento de pessoas e de veículos é menor e o comércio é menos intenso.

A vida na cidade

A vida nas cidades, principalmente nas grandes, é bem movimentada.

Geralmente, as pessoas que moram nas cidades grandes e médias dispõem de vários recursos que nem sempre estão ao alcance daquelas que vivem em cidades menores e nas periferias. Alguns exemplos desses recursos: vias asfaltadas, água encanada, rede de esgotos, escolas, bibliotecas, meios de transporte, estabelecimentos comerciais e opções de lazer.

Em algumas partes das cidades há predominância de **atividades comerciais** (compra, venda e troca de produtos e valores). Nelas, o comércio costuma ser intenso - encontramos grande número de lojas, bancos, escritórios e restaurantes.

Rogério Reis/Pulsar Imagens

Rua comercial da região central da cidade do Rio de Janeiro (RJ), em 2018.

Nas cidades também encontramos áreas de concentração de **atividades industriais**, voltadas à produção mecanizada de mercadorias em grande quantidade.

Atualmente, a população de quase todas as grandes cidades do mundo sofre com a poluição gerada pelas indústrias. Os poluentes lançados no ar e nas águas afetam todo o ambiente, causando problemas como doenças respiratórias nas pessoas, danos nas florestas e nas plantações, contaminação de animais e desequilíbrio ambiental.

Por lei, todas as indústrias devem controlar a emissão de poluentes, por exemplo, com a instalação de filtros nas chaminés das fábricas e o tratamento dos resíduos líquidos.

Cesar Diniz/Pulsar Imagens

Poluição provocada por indústria em Volta Redonda (RJ), 2019.

Atividades

1 Faça uma pesquisa sobre a área urbana de seu município. Anote as seguintes informações no caderno:

a) Como é essa área?

b) O lugar onde você mora faz parte dessa área?

c) Qual é a atividade predominante?

d) Faça um cartaz com as informações que você descobriu. Cole algumas fotografias para complementar seu trabalho.

2 Converse com o professor e os colegas sobre a seguinte questão: Viver na cidade é bom ou ruim? Dê sua opinião e ouça o que eles têm a dizer. Depois, anote e justifique sua resposta.

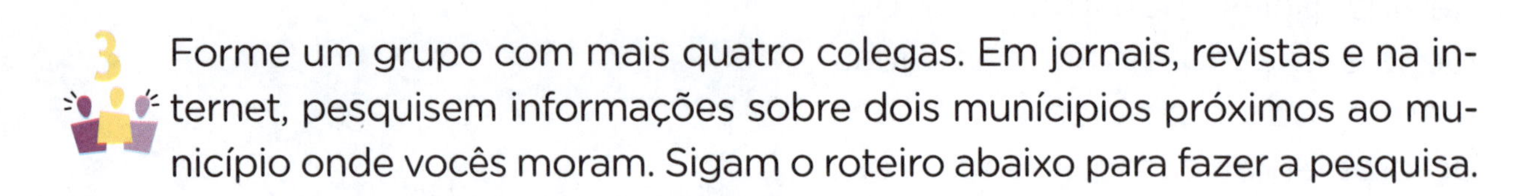

3 Forme um grupo com mais quatro colegas. Em jornais, revistas e na internet, pesquisem informações sobre dois munícipios próximos ao município onde vocês moram. Sigam o roteiro abaixo para fazer a pesquisa.

a) Qual é o nome dos municípios?

b) Como são as ruas da área urbana desses municípios?

c) Como é o movimento de pessoas e de veículos?

d) O que existe no centro e o que as pessoas podem fazer nele?

e) Quais são as vantagens e as desvantagens de viver nesses lugares?

f) Com as informações que vocês obtiveram, elaborem um cartaz ilustrado mostrando as diferenças entre as duas cidades que o grupo escolheu.

4 Observe as fotos a seguir.

Chico Ferreira/Pulsar Imagens

Curitiba (PR), em 2017.

João Prudente/Pulsar Imagens

Itamogi (MG), em 2014.

Agora, responda:

a) Que diferenças existem entre as duas cidades retratadas nas fotos?

....

....

....

....

b) Qual das fotos mostra uma cidade grande? Por quê?

....

....

....

....

c) Você conhece alguma cidade parecida com as cidades das fotografias acima? Quais são as semelhanças? E as diferenças?

....

....

....

....

....

A área rural do município

O **campo** corresponde à área rural do município. É nele que são desenvolvidas as atividades ligadas à agricultura, à pecuária e ao extrativismo. Essas atividades fornecem alimentos para os habitantes das cidades e matérias-primas que as indústrias transformam em produtos. No campo, geralmente há mais elementos naturais do que na cidade.

A vida no campo

A vida no campo costuma ser mais tranquila do que a vida na cidade. As moradias ficam mais distantes umas das outras e as pessoas se encontram em feiras de animais, festas de colheitas, entre outros eventos.

Na área rural de diversos municípios brasileiros, nota-se a influência cultural de diferentes povos que migraram para o Brasil, como japoneses, italianos e alemães. Nesses locais, as festas trazem fortes elementos da cultura desses povos.

Daniel Cymbalista/Pulsar Imagens

A Festa de Flores e Morangos de Atibaia é realizada desde 1965 pela comunidade japonesa no município de Atibaia (SP). Muitos imigrantes japoneses foram para Atibaia trabalhar na agricultura e contribuíram para o desenvolvimento econômico e cultural do município. Foto de 2017.

Nos últimos anos, a expansão da internet vem contribuindo para a conexão do campo com o mundo e para o aperfeiçoamento de diversas atividades rurais.

Sergio Ranalli/Pulsar Imagens

Agricultor com *tablet* em plantação de milho. Londrina (PR), em 2015.

O uso de máquinas no trabalho do campo

Antigamente, na área rural dos municípios, havia muitas pessoas que trabalhavam nas plantações. Elas preparavam a terra, plantavam e colhiam.

João Prudente/Pulsar Imagens

Trabalhadores rurais cultivam horta em Santa Bárbara (MG), 2014.

Atualmente, com a modernização, o maquinário faz grande parte do trabalho, principalmente nas grandes propriedades rurais. Há máquinas para diversas etapas da lavoura, desde preparar a terra e semear até fazer a colheita.

Com a introdução de máquinas no trabalho agrícola e na pecuária, muitas pessoas saíram do campo e se mudaram para a cidade.

Vinicius Bacarin/Shutterstock

Colheita mecanizada de soja em Eldorado (MS), 2017.

A relação entre campo e cidade

As atividades no campo e na cidade são complementares. Muitos produtos que são vendidos ou fabricados na área urbana dependem do trabalho das pessoas da área rural.

No campo, é produzida a maior parte dos alimentos consumidos pela população urbana.

Gerson Gerloff/Pulsar Imagens

Criação de vacas leiteiras em Abdon Batista (SC), 2018.

vystekimages/Shutterstock

O leite é um alimento produzido no campo.

Du Zuppani/Pulsar Imagens

Cultivo de hortaliças em Mogi das Cruzes (SP), 2018.

Marcos Amend/Pulsar Imagens

Comércio de verduras em Belém (PA), 2016. As verduras são alimentos cultivados no campo.

O campo também produz grande parte das matérias-primas usadas pela indústria, como madeira, algodão, areia, bovinos, frutas, entre outras.

A **indústria** transforma o que é produzido no campo, fabricando os diversos produtos de que a sociedade necessita. Tanto os produtos industrializados como os naturais chegam às pessoas por meio do comércio, que é responsável por sua distribuição e venda.

Observe na ilustração a seguir algumas etapas da produção do milho.

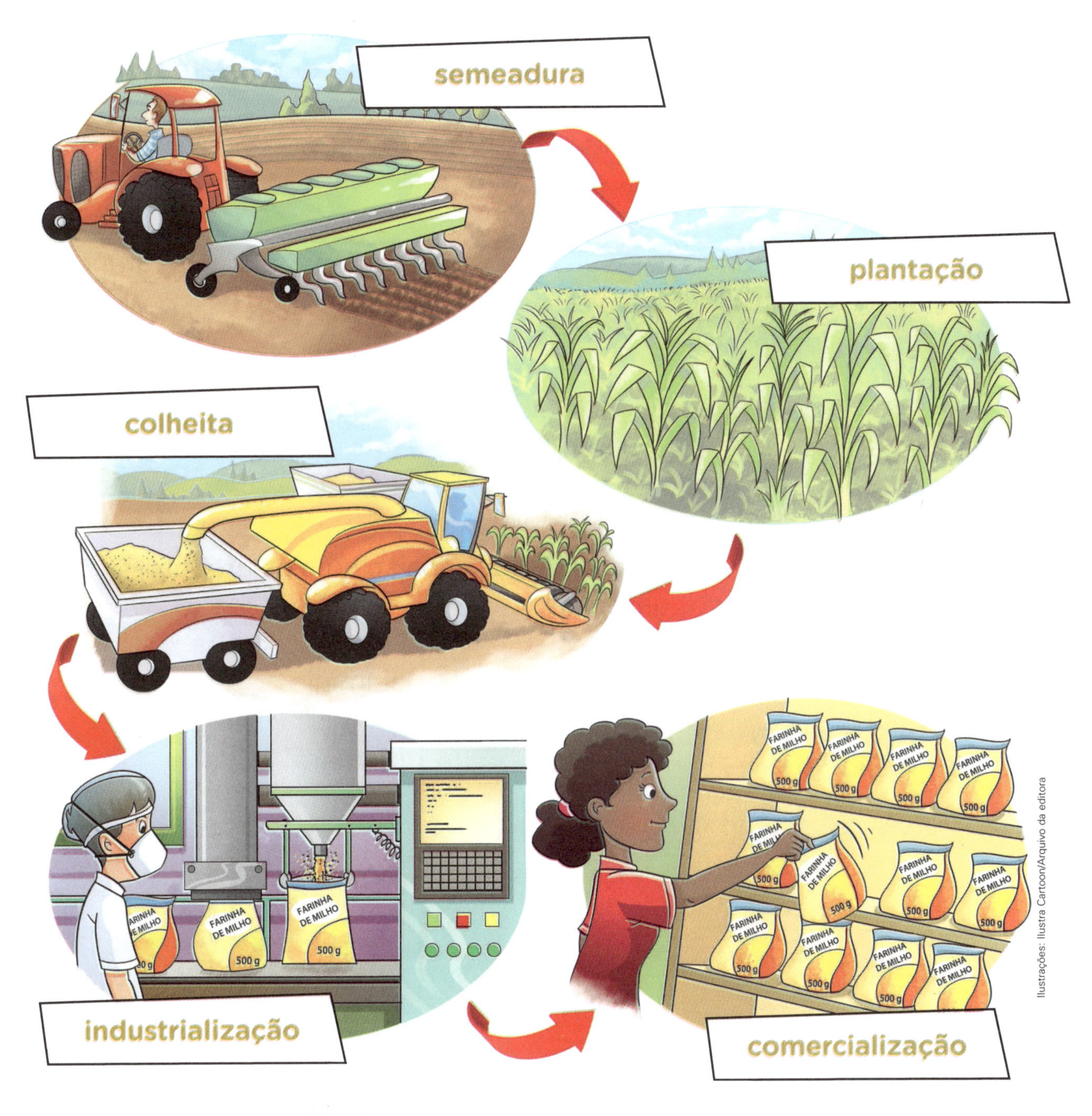

Ilustrações: Ilustra Cartoon/Arquivo da editora

O campo e a cidade estão em constante contato em sua relação de produção e consumo. Por isso, as vias de ligação (rodovias, ferrovias, etc.) entre o campo e a cidade são importantes para que os produtos cheguem aos consumidores.

Atividades

1 Assinale as afirmativas verdadeiras.

☐ Na área urbana, há mais construções do que na área rural.

☐ Na área rural, há mais ruas, por onde circula um grande número de pessoas e veículos.

☐ No campo, as pessoas moram em fazendas (as grandes propriedades) ou em sítios e chácaras (as médias e pequenas propriedades).

☐ Na área urbana, predominam as atividades de cultivo de alimentos e criação de animais.

2 Relacione as matérias-primas listadas abaixo com os produtos industrializados mostrados nas fotos.

1 leite
2 algodão
3 alumínio
4 madeira

☐ indigofotos/Shutterstock

☐ Horiyan/Shutterstock

☐ Sea Wave/Shutterstock

☐ Somchai Som/Shutterstock

3 Selecione alguns produtos que você e sua família consomem no dia a dia. Consulte as informações dos rótulos e das embalagens e preencha o quadro. Se preciso, peça ajuda a alguém que more com você.

Produto	Matéria-prima	Onde é vendido

4 Quais as características do modo de vida das pessoas que vivem no campo e do modo de vida das pessoas que vivem em cidades? Complete o quadro a seguir.

Vida no campo	Vida na cidade

5 Escolha as palavras do quadro que se referem a cada afirmativa e escreva-as nos espaços correspondentes.

Município	Cidade	Campo

a) Nele existem paisagens diferentes, que são resultado da ação tanto da natureza como do ser humano.

....

b) As moradias são distantes umas das outras e predominam plantações e pastos.

....

c) Há um aglomerado de moradias próximas umas das outras.

....

d) Formam um município.

....

6 Complete as frases corretamente usando as palavras do quadro.

prédios	animais	fazendas	comerciais	
celeiros	cultivo	industriais	alimentos	fábricas

a) As principais atividades desenvolvidas na área rural são o .... de .... e a criação de ....

b) Na área urbana, predominam as atividades .... e ....

c) São construções típicas da área urbana os .... e as ....

d) São construções típicas da área rural as .... e os ....

7 Faça as atividades das páginas 2 e 3 do **Caderno de mapas**.

8 Sente-se com um colega e observe a pintura abaixo.

Capelinha de mel, óleo sobre tela de Mara Toledo, 2012.

Agora, respondam às seguintes questões:

a) Qual é o título da obra de arte e em que ano ela foi feita?

....

b) O que ela representa?

....

c) A paisagem representada é do campo ou da cidade? Citem elementos da pintura que justifiquem a resposta de vocês.

....

....

....

....

d) No lugar onde vocês vivem, há comemorações semelhantes? Como são essas festas e qual sua origem? Contem ao professor e aos colegas.

9 Faça a atividade *O campo e a cidade* da página 3 do **Caderno de criatividade e alegria**.

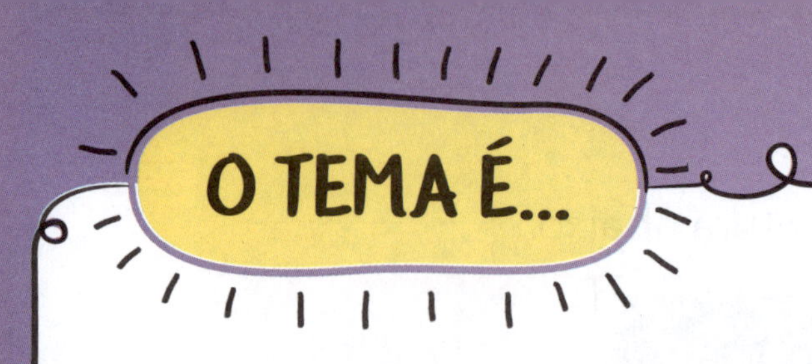

A alimentação na cidade

Fast food é uma expressão em inglês que significa 'comida rápida'. Os tipos de *fast food* mais conhecidos são o hambúrguer e a batata frita.

- Que outros tipos de *fast food* você conhece? Na sua opinião, por que esse tipo de alimento agrada tanto as pessoas?
- Com que frequência você come esse tipo de comida? Os seus pais ou responsáveis deixam você comer *fast food* quando quiser ou impõem limites a esse tipo de consumo?

Ilustrações: Ilustra Cartoon/Arquivo da editora

- Sua família costuma pedir comida pelo telefone ou por aplicativos de celular? Com que frequência? Quais são os pratos mais pedidos?
- Sua família já comprou algum alimento orgânico? Se já comprou, qual?

- Você sabe a diferença entre um alimento orgânico e um não orgânico? Você acha que seus pais ou responsáveis se informaram sobre essa diferença antes de comprar?

Este selo identifica os produtos de origem orgânica.

O "telhado verde" do *shopping* Eldorado, em São Paulo (SP), é um exemplo de horta urbana orgânica. Os restos de alimentos da praça de alimentação são transformados em adubo para a produção de legumes, como berinjela, cebola e tomate, e de ervas, como hortelã e erva-doce. Foto de 2014.

- Você conhece alguma horta urbana na sua cidade? Onde está localizada? O que ela produz? Quais benefícios ela trouxe para o local?

- Você e sua família cultivam algum alimento em casa? Como funciona? Você acha que os vegetais plantados em casa são mais saborosos do que os comprados no supermercado?

2 OS ESTADOS E AS REGIÕES DO BRASIL

O território brasileiro está dividido em 27 **Unidades da Federação**: 26 estados e um Distrito Federal, onde fica a capital do país, Brasília.

Cada estado tem uma capital e é formado por vários municípios. A capital é o município onde se localiza a sede do governo do estado. Observe o mapa.

Unidades da Federação: os 26 estados e o Distrito Federal, que, juntos, formam a República Federativa do Brasil.

Brasil: divisão política (2019)

Fonte: elaborado com base em **Atlas geográfico escolar**. 7. ed. Rio de Janeiro: IBGE, 2016. p. 90.

A capital do Brasil

Brasília é a capital do Brasil e localiza-se no território do Distrito Federal.

Em Brasília fica a sede dos três poderes federais - Legislativo, Executivo e Judiciário - e nela trabalham os deputados federais, os senadores, os ministros e o presidente da República.

O Poder Legislativo elabora as leis e fiscaliza as ações do Poder Executivo; é exercido pelo Congresso Nacional, formado pela Câmara dos Deputados e pelo Senado Federal. O Poder Executivo executa as leis e administra o governo; é exercido pelo presidente, auxiliado pelos ministros. O Poder Judiciário aplica as leis e é exercido pelos juízes do Supremo Tribunal Federal (STF) e do Superior Tribunal de Justiça (STJ).

Saiba mais

Foto aérea de Brasília (DF), mostrando a Catedral Metropolitana Nossa Senhora Aparecida, à esquerda, e o Museu Nacional Honestino Guimarães, à direita, construções projetadas por Oscar Niemeyer. Foto de 2018.

Brasília é uma cidade planejada, construída para ser a capital do Brasil e abrigar as sedes dos três poderes federais.

Quem desenhou o projeto foi o arquiteto Lúcio Costa. Oscar Niemeyer, a convite de Lúcio Costa, projetou importantes prédios na cidade. A inauguração de Brasília ocorreu em 21 de abril de 1960, quando a capital do país deixou de ser o Rio de Janeiro.

Os limites entre estados e municípios

Maria Emília mora no município de Arapiraca, em Alagoas, e seus avós moram no município de Igaci, no mesmo estado.

A menina viajou com o pai para visitar os avós. Veja abaixo a dúvida de Maria Emília:

Para responder à pergunta da menina, seu pai mostrou uma placa que estava na estrada.

Ilustrações: Ilustra Cartoon/Arquivo da editora

Esse tipo de placa indica quando estamos saindo de um município ou de um estado e entrando em outro.

O **limite** marca a separação entre dois municípios ou estados. Os limites podem ser constituídos de elementos naturais, como rios e serras, ou construídos pelo ser humano, como pontes ou estradas. Às vezes, podem ser linhas imaginárias, indicadas apenas nos mapas.

Alagoas: divisão em municípios (2019)

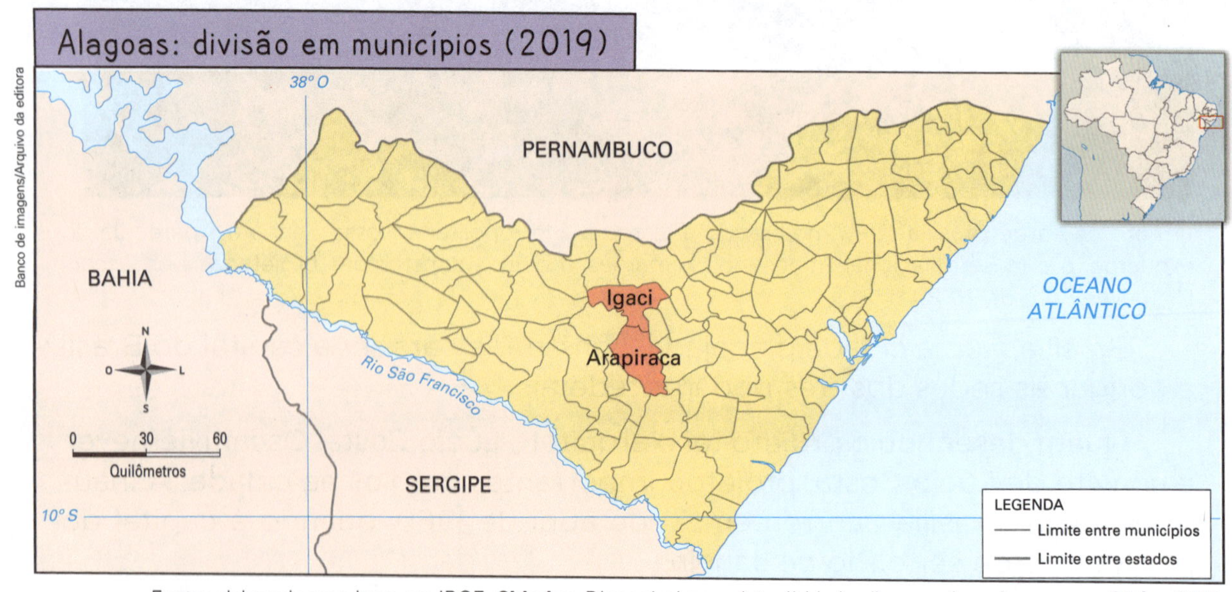

Banco de imagens/Arquivo da editora

Fonte: elaborado com base em IBGE. **Cidades**. Disponível em: <http://cidades.ibge.gov.br>. Acesso em: 25 fev. 2019.

Atividades

1 O professor vai mostrar o mapa do estado onde você mora dividido em municípios. Localize o município onde você mora e complete a ficha abaixo.

Nome do município: ....

Municípios vizinhos que fazem limite:

- **ao norte:** ....
....
- **ao sul:** ....
....
- **a leste:** ....
....
- **a oeste:** ....
....

2 Observe a placa ao lado. Informe o nome dos municípios cujo limite ela indica.

....

....

....

Luciana Whitaker/Pulsar Imagens

Placa em Poxoréu (MT), 2018.

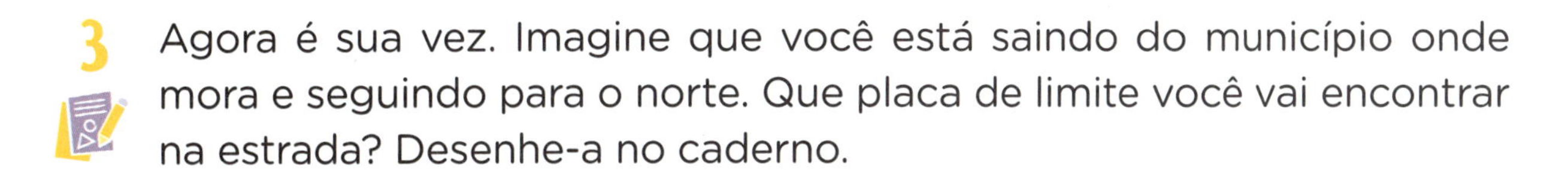

3 Agora é sua vez. Imagine que você está saindo do município onde mora e seguindo para o norte. Que placa de limite você vai encontrar na estrada? Desenhe-a no caderno.

4 Faça as atividades das páginas 4 a 7 e 12 a 15 do **Caderno de mapas**.

As regiões brasileiras

Os estados brasileiros são agrupados em **regiões**, de acordo com alguns critérios, como semelhanças nas paisagens, nos costumes e nas atividades econômicas.

No mapa a seguir, estão indicadas as cinco regiões brasileiras de acordo com a divisão feita pelo Instituto Brasileiro de Geografia e Estatística (IBGE). São elas: Norte, Centro-Oeste, Nordeste, Sudeste e Sul.

IBGE: órgão responsável pela coleta, organização e divulgação de dados sobre o Brasil.

Brasil: regiões do IBGE (2019)

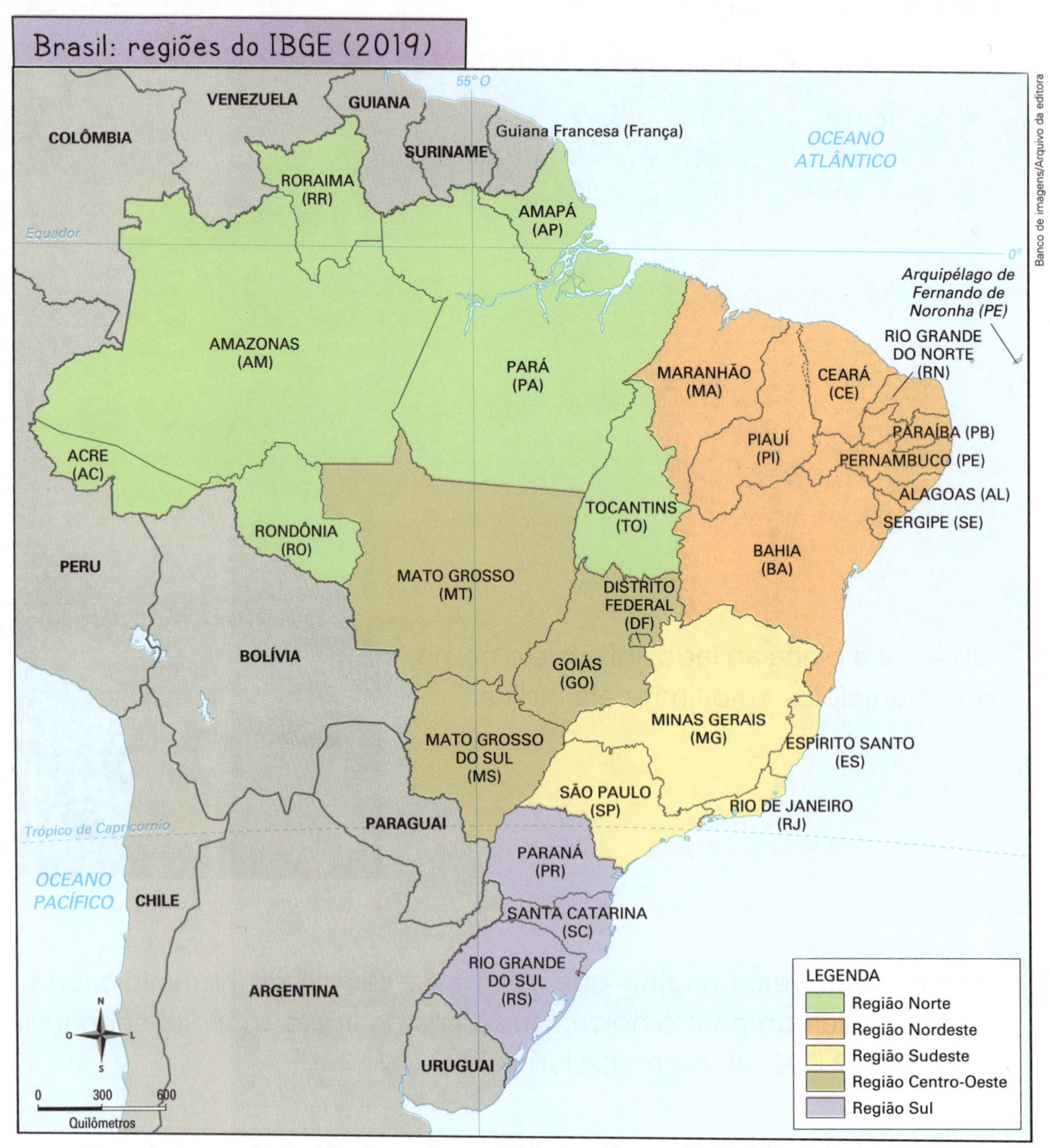

Fonte: elaborado com base em **Atlas geográfico escolar**. 7. ed. Rio de Janeiro: IBGE, 2016. p. 94.

As diversas divisões regionais do IBGE

O IBGE já organizou os estados em regiões muito diferentes das atuais.

Ao longo do século XX, houve diversas divisões regionais. As mudanças estão relacionadas a questões políticas, como a criação de estados, e também a transformações econômicas, como a industrialização.

Observe nos mapas a seguir algumas divisões regionais antigas.

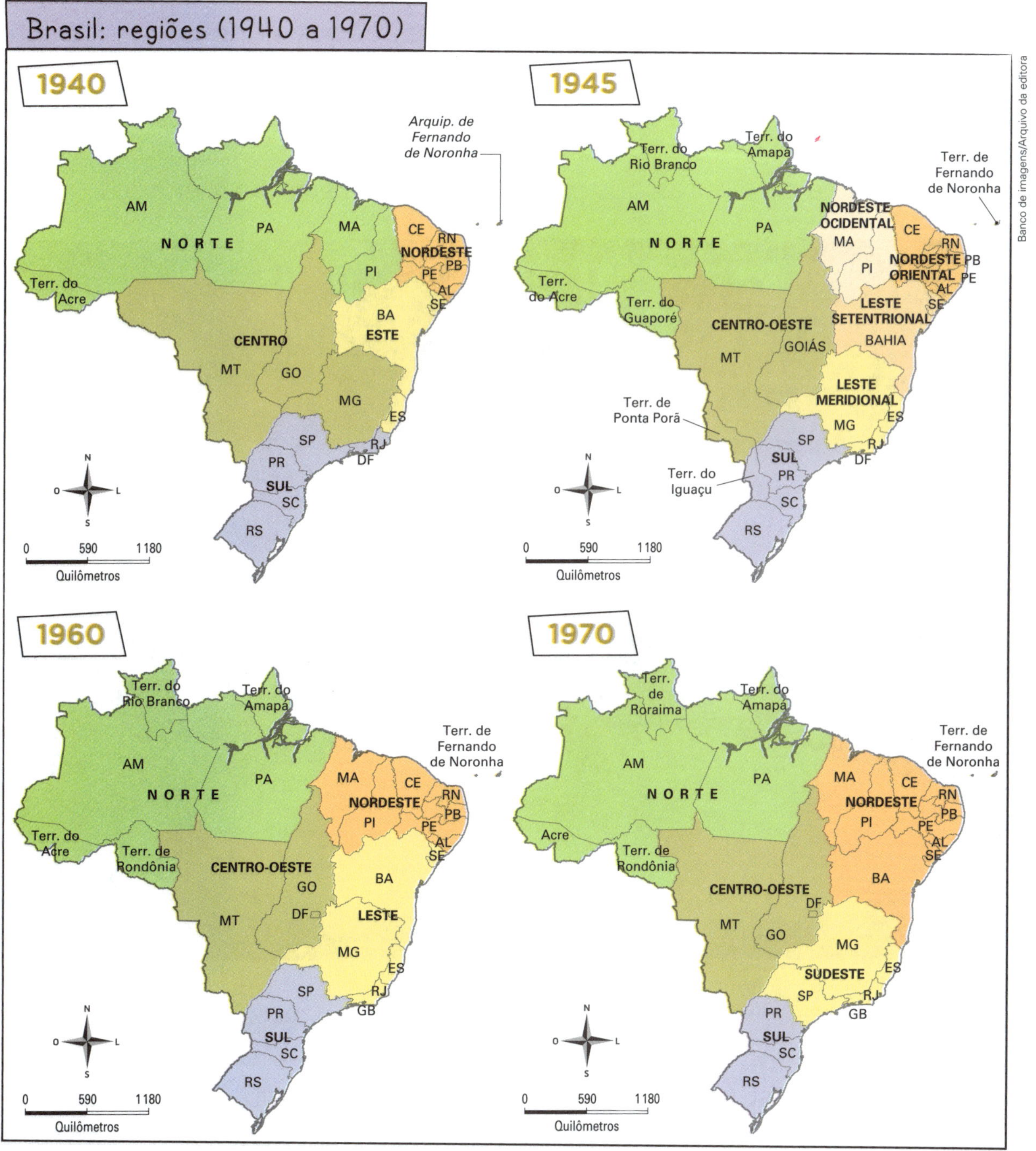

Fonte: elaborado com base em IBGE. **Anuário estatístico do Brasil 1999.** Disponível em: <https://biblioteca.ibge.gov.br>. Acesso em: 25 fev. 2019.

Povos indígenas

Estima-se que, em 1500, quando os portugueses chegaram ao território que formaria o Brasil, a população indígena era de cerca de 4,5 milhões de indivíduos.

Havia diferentes povos indígenas vivendo ao longo da costa brasileira, cada um com seu modo de vida, língua, costumes e tradições. Durante a colonização, muitos povos foram dizimados, desaparecendo totalmente.

A Constituição Federal de 1988 garante aos povos indígenas o direito à terra que tradicionalmente ocupam e a manter a organização social, os costumes, a língua, as crenças e as tradições. A Constituição também estabelece que o Governo Federal tem o dever de demarcar suas terras e fazer com que os direitos dos povos indígenas sejam respeitados.

Cadu De Castro/Pulsar Imagens

Mulher indígena da etnia macuxi faz beiju com farinha de mandioca, em Normandia (RR), 2019. O hábito de comer farinha de mandioca é uma das influências indígenas na alimentação do brasileiro.

- Hábitos e costumes indígenas fazem parte da cultura do povo brasileiro. Quais influências culturais indígenas existem no lugar onde você vive ou na sua família?

Comunidades quilombolas

Os negros escravizados resistiram à escravidão de diferentes formas. Fugir era uma forma bem comum de buscar a liberdade. Os que conseguiam fugir das fazendas de café e dos engenhos de açúcar refugiavam-se nas matas, em locais de difícil acesso, ou até mesmo perto de cidades, onde formavam quilombos.

Alguns negros que obtiveram a liberdade conseguiam comprar pedaços de terra ou recebiam terras de herança de seus antigos donos, nas quais também se formaram quilombos. Nos quilombos, as pessoas plantavam, caçavam, coletavam frutos e realizavam suas festas e seus ritos.

Muitas comunidades quilombolas se mantiveram ao longo do tempo, sendo ocupadas pelos afrodescendentes, geração após geração. Atualmente, as comunidades quilombolas lutam para manter as terras e as tradições herdadas de seus antepassados, um direito garantido pela Constituição brasileira.

Lineu Kohatsu/Olhar Imagem

Festa Marujada no quilombo Mangal e Barro Vermelho, em Sítio do Mato (BA), 2015. Essa festa é uma tradição herdada das antigas comunidades de quilombos.

Saiba mais

O Quilombo dos Palmares, no estado de Alagoas, foi o maior e o mais famoso quilombo do Brasil, considerado um grande símbolo da resistência negra contra a escravidão. Chegou a abrigar cerca de 30 mil pessoas.

Seus principais líderes foram Ganga Zumba e Zumbi. Zumbi foi o mais notório líder de Palmares, responsável por comandar os quilombolas em várias batalhas. Palmares foi destruído em 1694. Zumbi foi capturado e morto em 20 de novembro de 1695.

Em sua homenagem, no dia 20 de novembro é celebrado o Dia da Consciência Negra.

Atividades

1 Pinte no mapa abaixo cada região do Brasil de acordo com as cores indicadas na legenda. Depois, responda às questões.

Brasil: regiões (2016)

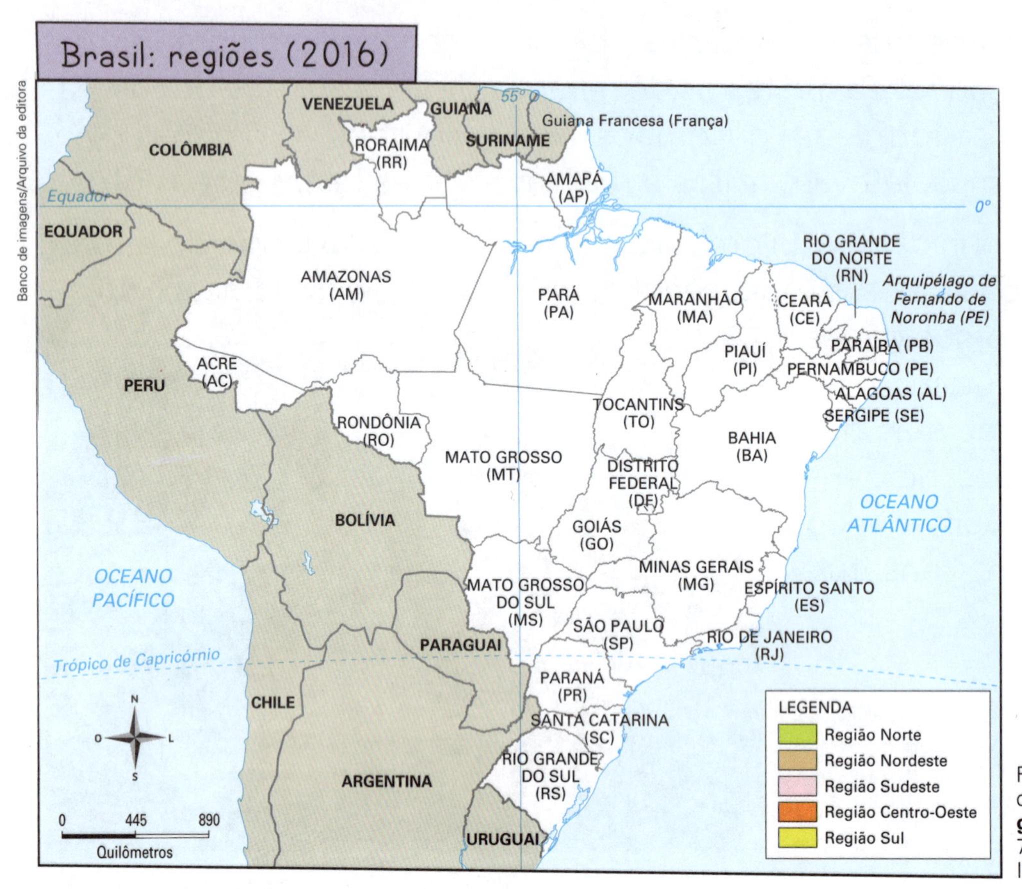

Banco de imagens/Arquivo da editora

Fonte: elaborado com base em **Atlas geográfico escolar**. 7. ed. Rio de Janeiro: IBGE, 2016. p. 94.

a) Qual é o nome do estado onde você mora?

....

b) Qual é a capital e a sigla desse estado?

....

c) Em que região esse estado está localizado?

....

d) Que outros estados pertencem à mesma região? Anote as siglas deles.

....

2 O estado onde você mora faz limite com quais estados? Complete abaixo.

- Ao norte: ....
- A leste: ....
- Ao sul: ....
- A oeste: ....

3 Assinale com um **X** apenas as frases com afirmações corretas.

☐ O estado de Rondônia faz parte da região Centro-Oeste.

☐ A região Norte é formada por sete estados.

☐ Santa Catarina faz parte da região Sul.

4 Na região em que fica o estado onde você vive há povos indígenas ou comunidades quilombolas? Faça uma pesquisa para descobrir e anote informações como:

a) Nome dos povos indígenas ou das comunidades quilombolas.

b) Localização (nome do estado e do município).

c) Principais atividades desenvolvidas.

....

....

....

....

....

....

....

- O professor vai indicar algumas fontes de consulta. Se possível, providencie algumas fotos para ilustrar sua pesquisa. No dia marcado, mostre aos colegas as informações e as imagens que você obteve.

3 BRASIL: DIVERSIDADE DE PAISAGENS

De norte a sul, de leste a oeste, o Brasil é um país com muitas paisagens naturais, monumentos históricos, atrações turísticas, festas populares, entre muitas outras coisas.

Conheça um pouco de tudo isso por meio das fotografias e das informações de cada Unidade da Federação apresentada a seguir.

Região Norte

Rio Branco (AC)

Andre Dib/Pulsar Imagens

Centro histórico de Rio Branco, capital e polo econômico-cultural do Acre. Foto de 2014.

Manaus (AM)

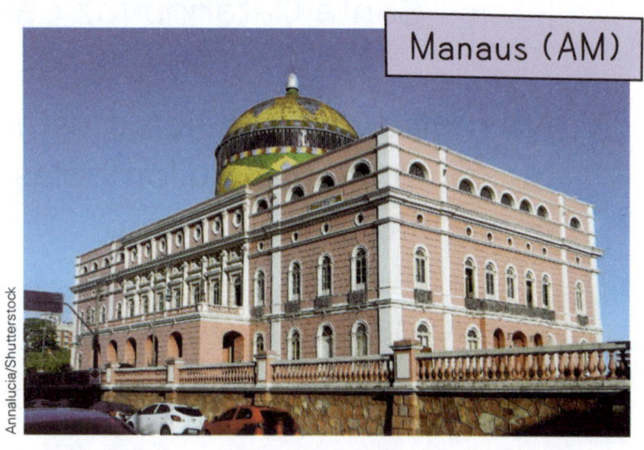

Annalucia/Shutterstock

O Teatro Amazonas, monumento histórico de Manaus (AM), é um dos símbolos do município. Foto de 2017.

Macapá (AP)

Zig Koch/Tyba

A **linha do equador** atravessa Macapá (AP): uma parte do município fica no hemisfério norte e a outra no hemisfério sul. O monumento Marco Zero é uma referência desse paralelo. Foto de 2017.

linha do equador: linha imaginária que divide a Terra em dois hemisférios, o sul e o norte. A maior parte do território brasileiro encontra-se no hemisfério sul e apenas uma pequena parte localiza-se no hemisfério norte.

Belém (PA)

Dado Photos/Shutterstock

No mercado Ver-o-Peso, em Belém (PA), são comercializados cerâmicas, comidas, frutas, peixes e ervas medicinais, entre outros produtos. Foto de 2017.

Porto Velho (RO)

Vinicius Bacarin/Shutterstock

A Estrada de Ferro Madeira-Mamoré, em Porto Velho (RO), foi inaugurada em 1912 e desativada em 1972. Trem antigo exposto no museu da ferrovia. Foto de 2017.

Parque Nacional do Monte Roraima (RR)

Marcos Amend/Pulsar Imagens

Nas fronteiras do Brasil com a Venezuela e a Guiana, estende-se o Parque Nacional do Monte Roraima, em Uiramutã (RR), com montanhas únicas formadas há milhões de anos. Foto de 2018.

Parque Estadual do Jalapão (TO)

Ticiana Giehl/Shutterstock

Dunas em Mateiros, na região do Jalapão (TO), que apresenta vegetação de Cerrado, rios, lagoas, dunas e cachoeiras, além de rica fauna. Foto de 2018.

Região Nordeste

Penedo (AL)

Rubens Chaves/Pulsar Imagens

Penedo (AL) é um dos municípios históricos mais antigos do Brasil, com igrejas e palacetes dos séculos XVII e XVIII. Foto de 2015.

Salvador (BA)

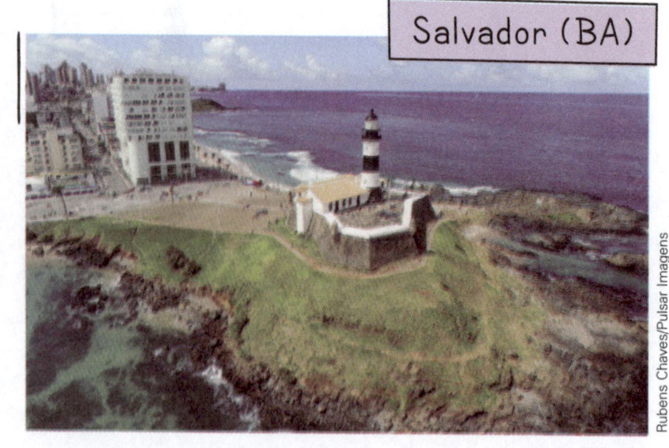

Rubens Chaves/Pulsar Imagens

O Farol da Barra, em Salvador (BA), foi construído no século XVII para orientar os navios que entravam na Baía de Todos-os-Santos. Foto de 2017.

Jericoacoara (CE)

Tales Azzi/Pulsar Imagens

A paisagem de Jericoacoara (CE) é composta de dunas, lagoas, praias e formações rochosas, como a Pedra Furada, esculpida pelo mar ao longo dos anos. Foto de 2017.

Ponta do Seixas (PB)

Tales Azzi/Pulsar Imagens

A Ponta do Seixas, localizada em João Pessoa (PB), é o ponto mais oriental do Brasil, o primeiro lugar onde o sol surge no continente americano. Foto de 2016.

Parque Nacional dos Lençóis Maranhenses (MA)

Andre Dib/Pulsar Imagens

Esse parque, um dos mais belos trechos do litoral brasileiro, localizado em Barreirinhas (MA), é formado por dunas de areias brancas e lagoas temporárias. Foto de 2017.

Vitor Marigo / Tyba

Fernando de Noronha (PE)

O arquipélago de Fernando de Noronha (PE) é uma das áreas ecológicas mais bonitas do Brasil. Foto de 2013.

Parque Nacional de Sete Cidades (PI)

Fabio Colombini/Acervo do fotógrafo

No Parque Nacional de Sete Cidades, em Piracuruca (PI), há áreas de Cerrado e de Caatinga e sítios arqueológicos, com pinturas rupestres. Foto de 2012.

Hidrelétrica de Xingó (SE)

Andre Dib/Pulsar Imagens

Usina hidrelétrica de Xingó, no rio São Francisco, entre Sergipe e Alagoas, uma das maiores do Brasil. Foto de 2016.

Atol das Rocas (RN)

Jonne Roriz/Agência Estado

O atol das Rocas (RN) foi a primeira Unidade de Conservação marinha criada no Brasil. Além de ser local de desova de tartarugas, abriga grande número de aves marinhas. Foto de 2012.

Região Centro-Oeste

Serra do Roncador (MT)

Andre Di/Pulsar Imagens

Na serra do Roncador, em Barra do Garças (MT), há lagos subterrâneos, nascentes de rios e cavernas, que guardam inscrições rupestres feitas por antigos grupos humanos. Foto de 2013.

Brasília (DF)

Rubens Chaves/Pulsar Imagens

A escultura **Os candangos**, de Bruno Giorgi, simboliza os trabalhadores que construíram Brasília (DF), vindos de diversas partes do país. Foto de 2013.

Bonito (MS)

Andre Dib/Pulsar Imagens

Bonito (MS) é considerado um verdadeiro paraíso ecológico, com rios de águas cristalinas e fauna abundante. Foto de 2018.

Região Sudeste

Domingo Martins (ES)

Edson Grandisoli/Pulsar Imagens

A Pedra Azul, em Domingos Martins (ES), é uma rocha coberta por algas cuja coloração varia do verde ao azul, de acordo com a incidência dos raios solares. Foto de 2014.

Tiradentes (MG)

Renato Soares/Pulsar Imagens

Tiradentes (MG) é um município histórico com calçamento de pedras centenárias, igrejas, capelas e casarios coloniais. Foto de 2012.

Rio de Janeiro (RJ)

Maarten Zeehandelaar/Shutterstock

A estátua do Cristo Redentor, no Rio de Janeiro (RJ), foi construída em 1931 e é uma das maiores do mundo, com 38 metros de altura. Foto de 2017.

São Paulo (SP)

Alf Ribeiro/Shutterstock

O Monumento à Independência, em São Paulo (SP), é um conjunto de esculturas feitas em granito e bronze pelo italiano Ettore Ximenes, em homenagem a dom Pedro I. Foto de 2018.

Região Sul

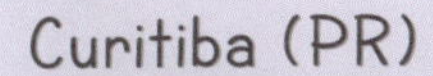

Renato Soares/Pulsar Imagens

O teatro Ópera de Arame, em Curitiba (PR), é rodeado por mata nativa. Foto de 2012.

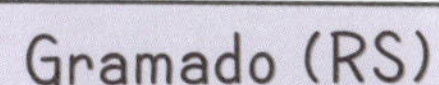

Gerson Gerloff/Pulsar Imagens

Gramado (RS) conserva em suas construções a influência da colonização alemã e italiana. Foto de 2019.

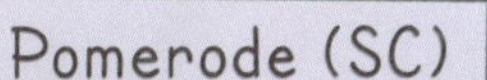

Edu Lyra/Pulsar Imagens

Colonizado por famílias vindas da província da Pomerânia, no norte da Alemanha, Pomerode (SC) possui um rico folclore com influência desse povo. Foto de 2012.

Mapa de pontos turísticos

Muitas pessoas gostam de viajar e conhecer lugares diferentes. Inspire-se na diversidade de paisagens que você viu nas fotos das páginas anteriores e crie um mapa com os principais pontos turísticos de um município ou estado que você gostaria de conhecer.

Observe abaixo um exemplo de mapa turístico.

danceyourlife/Shutterstock

Material necessário

- mapa do município ou do estado
- computador com acesso à internet e/ou revistas de turismo
- lápis grafite, lápis de cor, canetas hidrocor
- tesoura com pontas arredondadas
- régua
- borracha
- cola

Como fazer

1. Escolha um município ou estado que gostaria de conhecer.

2. Pesquise na internet e/ou em revistas de turismo quais são os principais pontos turísticos do município ou estado que você escolheu.

3. Desenhe o seu mapa como o modelo indicado na página anterior. Escreva o nome dos pontos turísticos e cole imagens ou desenhe os pontos turísticos que deseja conhecer.

4. No dia marcado pelo professor, apresente seu mapa aos colegas e fale por que você escolheu esse município ou estado e quais são os pontos turísticos que você selecionou. Observe com atenção o trabalho dos colegas e conversem sobre os lugares que gostariam de visitar.

Ilustrações: Ilustra Cartoon/Arquivo da editora

UNIDADE 2

A POPULAÇÃO E AS ATIVIDADES ECONÔMICAS

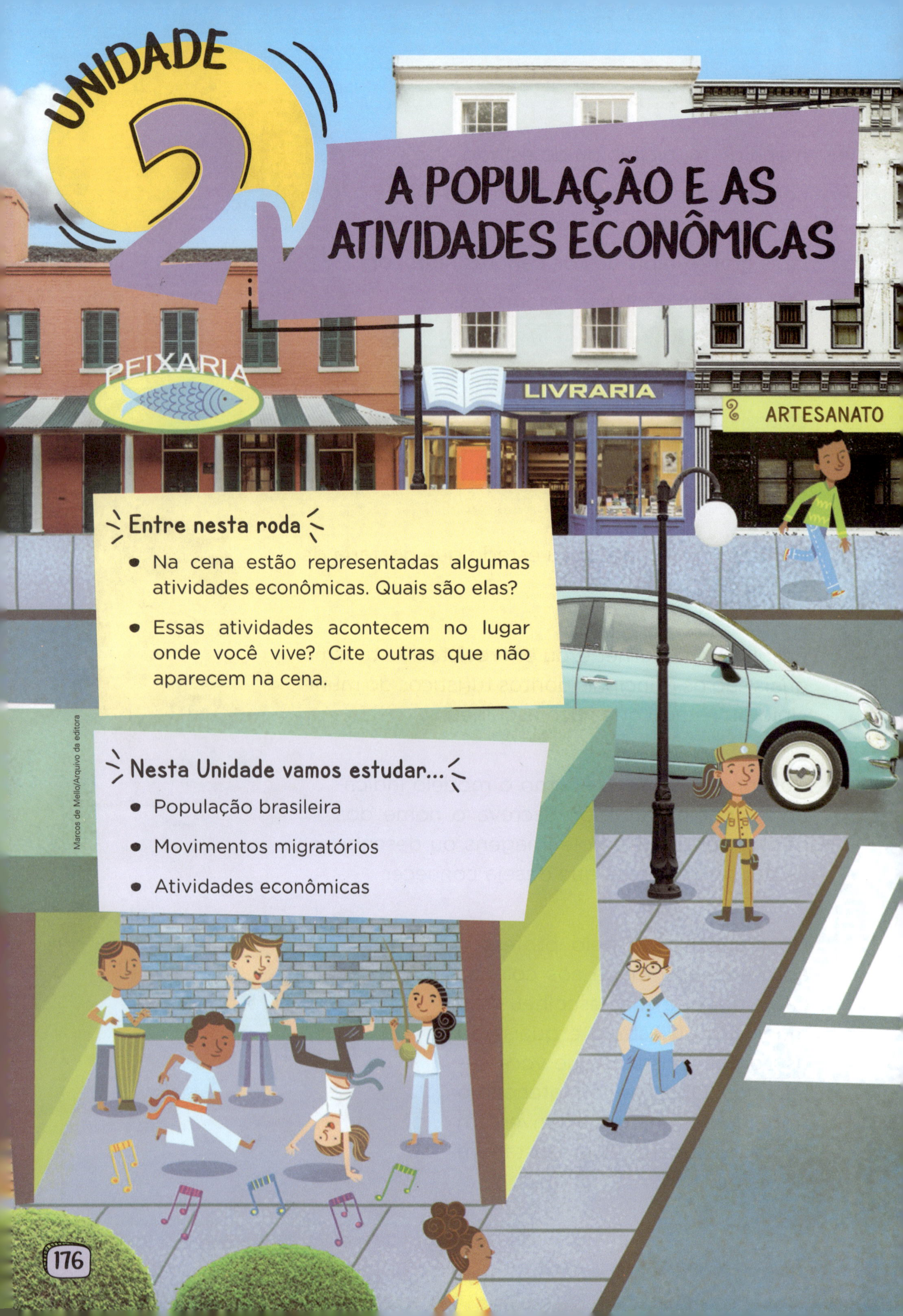

Entre nesta roda

- Na cena estão representadas algumas atividades econômicas. Quais são elas?
- Essas atividades acontecem no lugar onde você vive? Cite outras que não aparecem na cena.

Nesta Unidade vamos estudar...

- População brasileira
- Movimentos migratórios
- Atividades econômicas

Marcos de Mello/Arquivo da editora

SUPERMERCADO
PARE

4 A POPULAÇÃO

A população é o conjunto de todas as pessoas que moram em um lugar (um bairro, município, estado, país ou no planeta).

Os moradores da cidade formam a população urbana e os moradores do campo, a população rural.

Muitas pessoas moram no mesmo município desde que nasceram, enquanto outras vieram de municípios, estados ou países diferentes.

No Brasil, a cada dez anos é realizada uma pesquisa nacional para obter dados detalhados a respeito da população brasileira. Essa pesquisa é chamada **Censo Demográfico** e é realizada pelo **IBGE**.

O último Censo aconteceu em 2010. De acordo com esse censo, no Brasil, havia cerca de 191 milhões de habitantes. As estimativas do IBGE para 2018 indicavam uma população de aproximadamente 209 milhões de pessoas. Observe no mapa abaixo o número de pessoas que viviam em cada estado brasileiro e no Distrito Federal em 2018, de acordo com essa estimativa.

Brasil: população por Unidade da Federação (2018)

Fonte: elaborado com base em **IBGE**. Disponível em: <ftp://ftp.ibge.gov.br/Estimativas_de_Populacao/Estimativas_2018/estimativa_dou_2018_20181019.pdf>. Acesso em: 23 jan. 2019.

No mundo, atualmente, existem aproximadamente 7,6 bilhões de pessoas. Você sabe quais são os países mais populosos? Observe o mapa abaixo e a tabela a seguir.

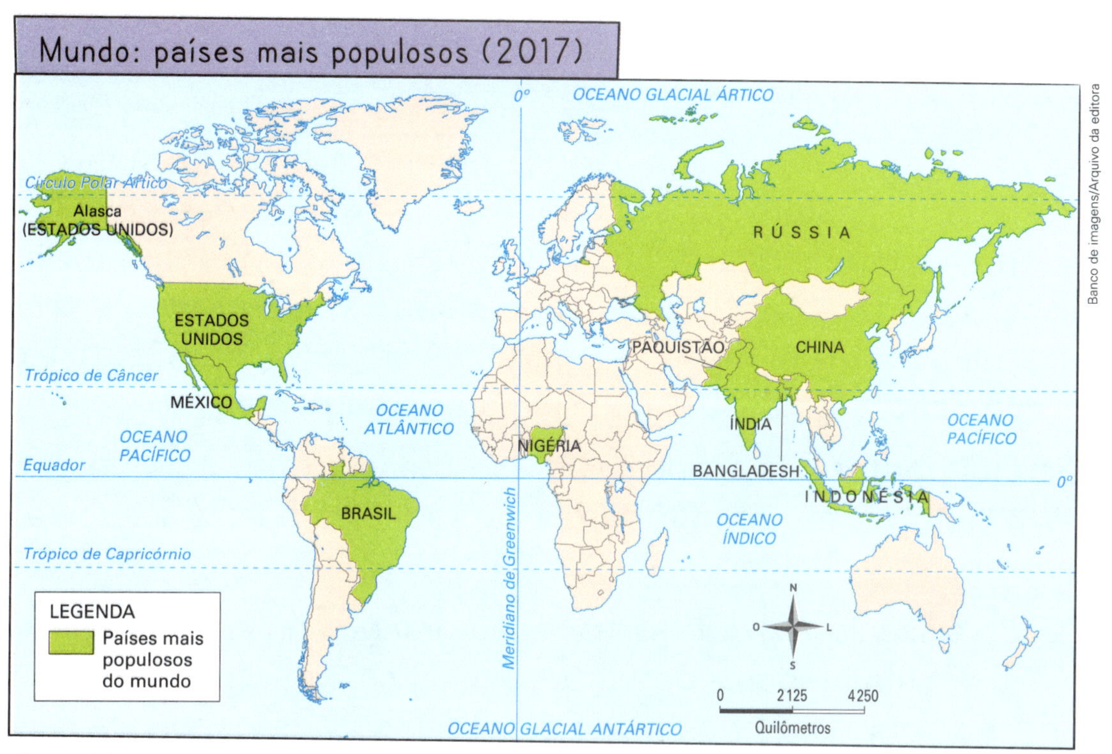

Fonte: elaborado com base em UNITED NATIONS. Department of Economic and Social Affairs. Population Division. **World Population 2017**. New York, 2017. Disponível em: <https://esa.un.org/unpd/wpp/Publications/Files/WPP2017_Wallchart.pdf>. Acesso em: 23 jan. 2019.

País	População (2017)
China	1 409 517 000
Índia	1 339 180 000
Estados Unidos	324 459 000
Indonésia	263 991 000
Brasil	209 288 000
Paquistão	197 016 000
Nigéria	190 886 000
Bangladesh	164 670 000
Rússia	143 990 000
México	129 163 000

Fonte: elaborado com base em UNITED NATIONS. Department of Economic and Social Affairs. Population Division. **World Population 2017**. New York, 2017. Disponível em: <https://esa.un.org/unpd/wpp/Publications/Files/WPP2017_Wallchart.pdf>. Acesso em: 23 jan. 2019.

Os movimentos migratórios

Entre as pessoas que você conhece, há alguém que tenha migrado para o município onde você vive, isto é, que não nasceu nele, mas se mudou e passou a viver nele? E seus pais, avós e bisavós, nasceram no mesmo município onde moram hoje?

As pessoas saem de seu lugar de origem por diversos motivos, entre eles desastres naturais, secas frequentes e prolongadas, perseguição política ou religiosa e guerras, buscando um novo lugar com melhores condições de vida. Às vezes ficam um período e voltam para seu local de origem, outras vezes se mudam definitivamente. Esse movimento é chamado **migração**, e as pessoas que se mudam, **migrantes**.

Os **emigrantes** são as pessoas que saem do seu país de origem para viver em outro. Os **imigrantes** são aquelas que se estabelecem em outro país.

Desde o século XVI, o Brasil recebeu grande número de imigrantes, entre eles os colonizadores portugueses e africanos escravizados, a principal mão de obra das lavouras de cana-de-açúcar e depois da mineração (no século XVIII).

Já no século XIX e início do século XX, chegaram ao Brasil imigrantes europeus (entre eles portugueses, espanhóis, italianos e alemães) e também japoneses. Esses estrangeiros contribuíram com seu trabalho para o desenvolvimento de muitas atividades, como as lavouras de café e as fábricas que surgiam nas cidades. Mais recentemente, no século XXI, muitos haitianos, colombianos, bolivianos, chineses e venezuelanos, entre outros, também vieram morar no Brasil.

Alinari Archives/Getty Images

Cônsul da Itália visita imigrantes italianos em fábrica de calçados em São Paulo (SP), cerca de 1900.

Migração dentro do país

As pessoas que se deslocam dentro do próprio país são chamadas de migrantes. Elas podem sair do próprio município ou estado para viver em outro município ou estado.

Segundo o Censo Demográfico de 2010, no Brasil, há cerca de 30 milhões de pessoas que vivem fora de seu estado de origem, isto é, que não moram no estado em que nasceram. Elas buscam, em geral, trabalho e melhores condições de vida. Observe no mapa abaixo o fluxo de migrantes com base nos dados desse Censo.

Brasil: fluxos migratórios recentes (2014)

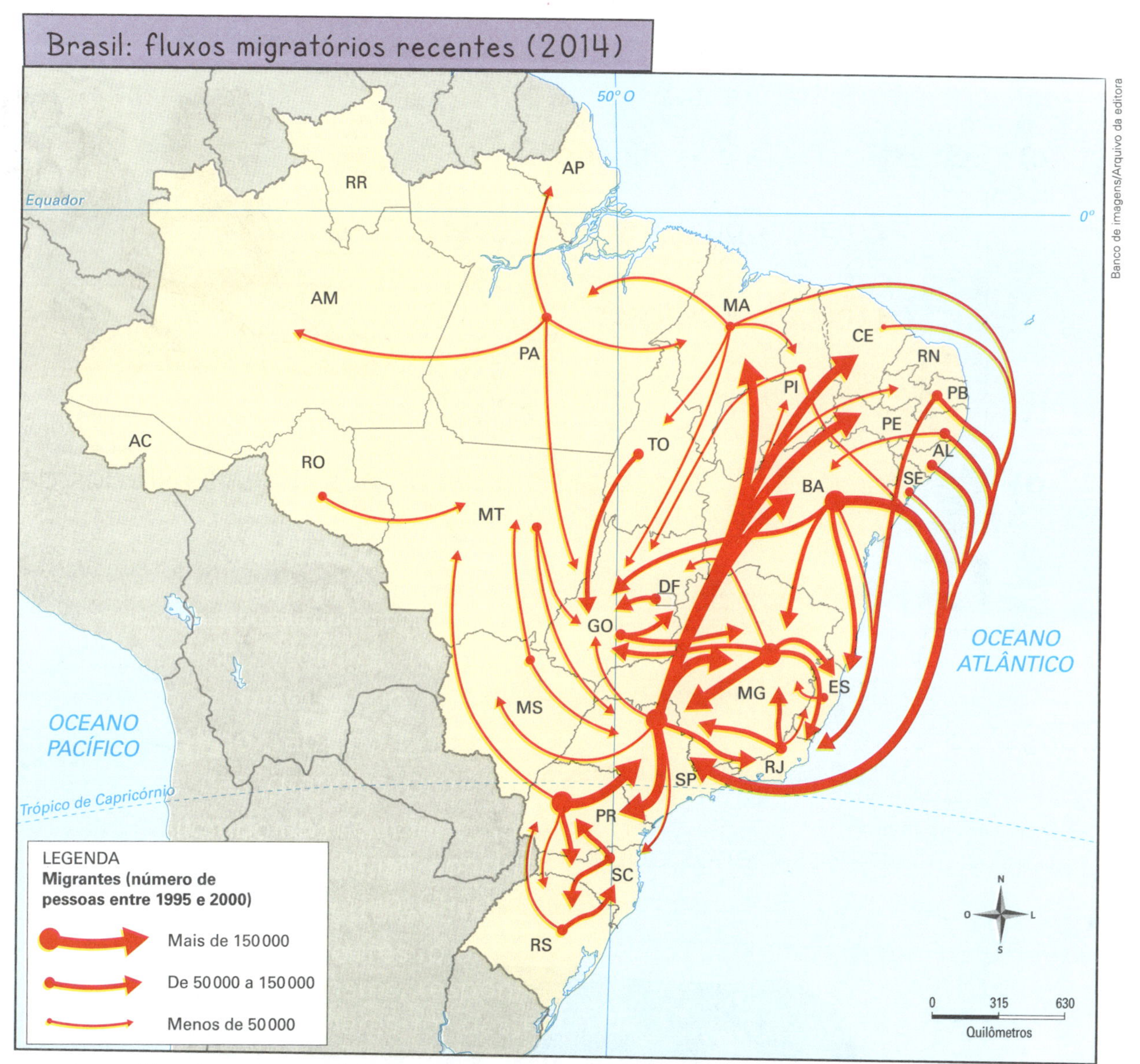

Fonte: elaborado com base em **Atlas Geográfico do Brasil**, de Marcos Roberto dos Santos. São Paulo: Global, 2014. p. 73.

- De acordo com o mapa, quais os estados que tiveram os maiores fluxos de migrantes no Brasil?

Atividades

1 Reveja o mapa da página 178. Depois complete e assinale o que se pede.

a) O estado mais populoso do Brasil é ....,

e o menos populoso é ....

b) De acordo com os dados do mapa, vivem no estado onde

você mora habitantes ....

c) Seu estado está classificado entre:

☐ os mais populosos.

☐ os menos populosos.

☐ os mais ou menos populosos.

d) O estado onde você mora, em relação aos demais estados da mesma região, é:

☐ o mais populoso.

☐ o menos populoso.

☐ um dos mais populosos.

☐ um dos menos populosos.

Ilustrações: Ilustra Cartoon/Arquivo da editora

2 Faça uma pesquisa na biblioteca da escola, consulte pessoas mais velhas ou converse com seu professor para responder às questões a seguir.

a) No município onde você mora, há migrantes vindos de outros estados ou imigrantes (pessoas vindas de outros países)? De onde eles vieram?

....

....

b) Você identifica alguma contribuição cultural dos migrantes e imigrantes no município? Qual?

....

....

c) E você, sempre viveu no mesmo município? Se não, qual o nome do município de sua origem e em qual estado ele fica?

....

....

3 Pesquise com seus familiares se eles ou os **ascendentes** deles vieram de outros municípios, estados ou países.

ascendentes: antepassados.

a) Procure descobrir:

- de onde vieram;
- quando chegaram;
- os motivos da migração;
- o que perceberam de diferente no lugar onde foram morar em relação ao lugar de origem;
- se tiveram dificuldade de se adaptar e quais foram as dificuldades.

b) Depois, sob orientação do professor, compartilhe com os colegas as informações que você obteve de sua pesquisa e ouça as descobertas deles.

 4 Observe o gráfico. Em seguida, responda às questões.

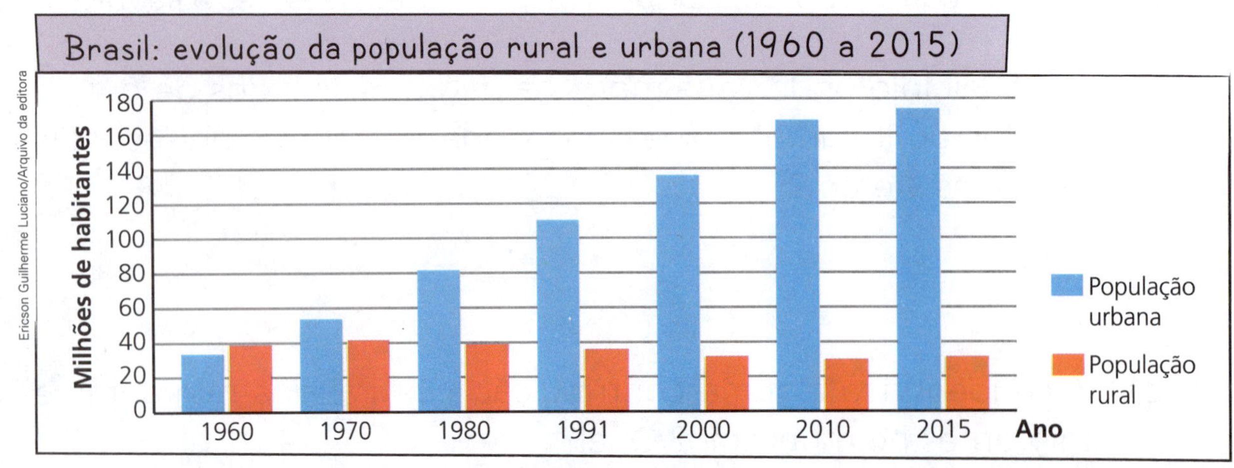

Elaborado com base em IBGE. **Censo demográfico 2010**. Disponível em: <https://biblioteca.ibge.gov.br/visualizacao/periodicos/93/cd_2010_caracteristicas_populacao_domicilios.pdf>; IBGE. **Pnad 2015**. Disponível em: <https://ww2.ibge.gov.br/home/estatistica/populacao/trabalhoerendimento/pnad2015/brasil_defaultxls.shtm>. Acesso em: 19 de fev. 2019.

a) A população urbana do Brasil aumentou ou diminuiu entre 1960 e 2015? E a população rural?

b) De acordo com o gráfico, a população urbana sempre foi maior que a rural no Brasil?

5 Observe abaixo o mapa do estado do Paraná dividido em municípios.

Fonte: elaborado com base em **IPARDES**. Disponível em: <http://www.ipardes.gov.br/pdf/mapas/base_fisica/divisao_politica_2010.jpg>. Acesso em: 19 jan. 2019.

- Agora, observe abaixo alguns dados sobre a população dos municípios destacados no mapa da página anterior. Depois, responda às perguntas a seguir.

Curitiba

Área: 435 km²

Pessoas residentes:

1751907

Pessoas residentes na área urbana: 1751907

Pessoas residentes na área rural: 0

Iguatu

Área: 107 km²

Pessoas residentes:

2234

Pessoas residentes na área urbana: 1438

Pessoas residentes na área rural: 796

Cascavel

Área: 2091 km²

Pessoas residentes:

286205

Pessoas residentes na área urbana: 270049

Pessoas residentes na área rural: 16156

Fonte: elaborado com base em IBGE. **Sinopse do Censo 2010**. Disponível em: <https://censo2010.ibge.gov.br/sinopse/index.php?uf=41&dados=0>. Acesso em: 19 fev. 2019.

a) Observando o mapa, é possível descobrir qual dos três municípios destacados tem área maior? Qual é esse município?

....

b) Os dados apresentados acima confirmam essa informação?

....

....

c) Qual dos três municípios tem a maior população residente?

....

d) Qual é a população rural de Curitiba? Por que você acha que isso acontece?

....

....

....

....

....

5 AS PRINCIPAIS ATIVIDADES ECONÔMICAS

EXPLORE A
PÁGINA +
E DIVIRTA-SE!

Você sabe como obtemos os alimentos que consumimos ou os materiais utilizados para fabricar os produtos que utilizamos?

O ser humano, por meio do trabalho, obtém tudo o que necessita em diversas atividades econômicas. Veja algumas delas:

- **Agricultura:** atividade geralmente praticada na área rural que envolve preparar o solo, plantar e colher alimentos e matérias-primas.

Adriano Kirihara/Pulsar Imagens

Agricultoras colhem uvas em Casa Nova (BA), 2019.

Mauricio Simonetti/Pulsar Imagens

Criação de gado bovino em Caiapônia (GO), 2019.

- **Pecuária:** atividade geralmente praticada na área rural, trata da criação e reprodução de animais para servir de alimento e matéria-prima.

- **Pesca:** atividade de extração de peixes e frutos do mar praticada em locais banhados por mar, rios, lagos e lagoas.

Adriano Kirihara/Pulsar Imagens

Pescador no rio São Francisco, em Petrolina (PE), 2018.

Delfim Martins/Pulsar Imagens

Extração de granito em Parelhas, (RN), 2019.

- **Mineração:** atividade de extração de minérios do solo ou do subsolo (camada abaixo do solo).

- **Indústria:** atividade que transforma matérias-primas em outros produtos e é desenvolvida principalmente nas fábricas, localizadas, em geral, na área urbana.

João Prudente/Pulsar Imagens

Fábrica de tecidos em Guaranésia (MG), 2018.

- **Comércio e prestação de serviços:** atividades exercidas principalmente na área urbana. O comércio é a compra e a venda de produtos; a prestação de serviços é a atividade que não produz nem comercializa produtos, mas que fornece serviços, como o transporte e a educação.

Delfim Martins/Pulsar Imagens

Comércio de roupas em Juazeiro do Norte (CE), 2018.

Tanto as atividades econômicas da área rural como as da área urbana são responsáveis pelo desenvolvimento econômico do município.

Saiba mais

A atividade artesanal

Há muito tempo os seres humanos transformam recursos da natureza em produtos úteis para o seu dia a dia. Primeiramente a produção era **artesanal**, ou seja, utilizava-se apenas o trabalho manual e instrumentos simples; mais tarde, grande parte do trabalho passou a ser feita pelas máquinas, nas fábricas, o que possibilitou o aumento da produção.

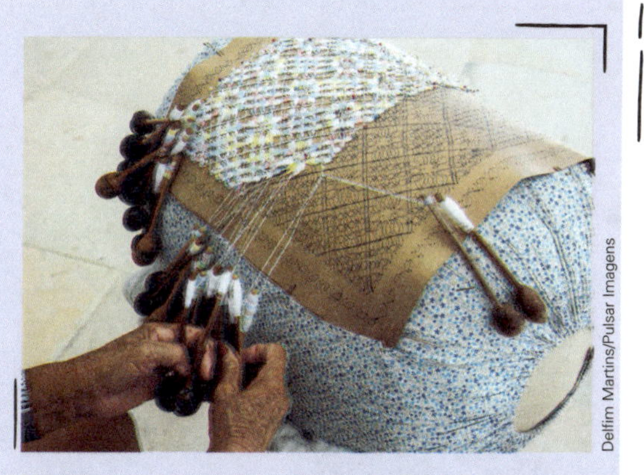
Delfim Martins/Pulsar Imagens

Trabalho artesanal de rendeira de bilro em Aquiraz (CE), 2018.

Ainda hoje algumas pessoas trabalham de forma artesanal, em casa, na confecção de muitos produtos, como chocolates, pães, doces, roupas, sapatos, toalhas, joias, etc. Essas pessoas são chamadas **artesãos**.

Em alguns municípios do Brasil, a produção artesanal é uma atividade econômica importante, que movimenta o comércio local e gera renda para muitas pessoas.

Agricultura

A **agricultura** é o trabalho de cultivar a terra (ou seja, preparar o solo, adubar, semear, cuidar da plantação, combater pragas e doenças e colher), produzindo alimentos e matérias-primas para o consumo das pessoas e de animais. Quem trabalha na agricultura é chamado agricultor ou lavrador.

O Brasil é um dos maiores produtores agrícolas do mundo. Os grandes produtores exportam seus produtos para outros países e também abastecem o mercado interno. Já os pequenos produtores são responsáveis pelo mercado interno, fornecendo grande parte dos alimentos que os brasileiros consomem. Muitas vezes abastecem os comércios locais, próximos de suas lavouras.

A agricultura depende do tipo de solo e do clima. É do solo que as plantas retiram os nutrientes, ou seja, aquilo de que necessitam para se desenvolver. Conhecer os tipos de solo e clima adequados para cada vegetal é extremamente importante para o sucesso dessa atividade.

A cana-de-açúcar, por exemplo, é uma planta que se desenvolve melhor em climas quentes e úmidos; já o trigo se adapta melhor aos climas mais frios.

Rubens Chaves/Pulsar Imagens

Plantação de cana-de-açúcar em Triunfo (PE), 2015.

Gerson Gerloff/Pulsar Imagens

Plantação de trigo em Manoel Viana (RS), 2014. No detalhe, a planta e os grãos de trigo.

Sofiaworld/Shutterstock

Como cultivar a terra

Para obter uma boa colheita, o agricultor precisa preparar bem o solo e tomar alguns cuidados no plantio.

Cuidados com o solo

- Colocar a quantidade necessária de **adubo** para fertilizar o solo.
- Arar o solo, remexendo a terra para que ela fique solta.
- Irrigar o solo quando não há chuvas frequentes.
- Drená-lo, retirando o excesso de água, quando ele for muito úmido.
- Em terrenos inclinados, plantar em curvas de nível, para que a água das chuvas não carregue grandes quantidades de solo. Plantar em curvas de nível é o mesmo que cortar o terreno em degraus.
- Evitar as queimadas.

adubo: resíduos animais e vegetais - como fezes e restos orgânicos (folhas, pedaços de madeira), e certas substâncias químicas - que, misturados à terra, aumentam sua capacidade produtiva.

Gerson Gerloff/Pulsar Imagens

Plantação de soja com sistema de irrigação em Salto do Jacuí (RS), 2018.

Fabio Colombini/Acervo do fotógrafo

Cultivo de café em curva de nível, em Alto Caparaó (MG), 2015.

Cuidados no plantio

- Escolher o produto agrícola adequado ao tipo de clima e de solo.
- Selecionar as sementes e as mudas.
- Fazer o plantio na época certa.
- Controlar o uso de agrotóxicos no combate às pragas, para não causar problemas ao ambiente e ao próprio ser humano.

1 Responda às seguintes questões, com base no que você estudou.

a) O que é uma atividade econômica?

....

....

b) Quais atividades econômicas são geralmente praticadas na área rural?

....

c) Quais atividades são desenvolvidas na área urbana?

....

2 Pesquise, converse com o professor e os colegas e depois responda às perguntas.

a) Quais são as principais atividades econômicas desenvolvidas no município onde você mora?

....

....

b) Alguma dessas atividades está relacionada com as características físicas de seu município, como o clima, tipo de solo ou relevo (inclinação do terreno)?

....

....

c) A distribuição da população entre a área urbana e a rural em seu município está relacionada a alguma dessas atividades? Por quê?

....

....

3 Assinale apenas as informações corretas.

a) ☐ A cana-de-açúcar desenvolve-se melhor em lugares de clima quente e úmido.

b) ☐ O uso excessivo de agrotóxicos na agricultura causa problemas ao ambiente e ao ser humano.

c) ☐ Para obter uma boa colheita, não se deve usar adubo.

d) ☐ Todos os solos são iguais.

e) ☐ O trigo se adapta melhor aos lugares de clima frio.

4 Observe a reprodução da pintura. Depois, converse com o professor e os colegas sobre as questões propostas.

Colheita de algodão, óleo sobre madeira, de Candido Portinari, 1948.

a) O que você observa na reprodução da pintura?

b) Que atividade econômica essa tela está retratando?

c) Imagine o que poderá ser feito com o algodão da colheita. Cite outras atividades econômicas relacionadas ao cultivo do algodão.

Pecuária

A **pecuária** é a atividade de criar gado, para o fornecimento de carne, leite, couro e lã.

As pessoas que trabalham na pecuária chamam-se **peões vaqueiros**, ou **pastores**. Seus empregadores são chamados **pecuaristas**, donos do rebanho. Essas pessoas cuidam dos animais desde a procriação e o parto dos filhotes até o momento da venda ou do abate.

Há diferentes tipos de gado: bovino (bois e vacas); suíno (porcos); caprino (cabras e bodes); ovino (ovelhas e carneiros); asinino (asnos, jumentos e burros); muar (mulas); bufalino (búfalos).

A avicultura é a criação de aves (frangos, perus, etc.) que fornece ovos e carne.

Os animais necessitam de cuidados: alimentação adequada, vacinas contra doenças, viver em lugares limpos e também de um veterinário que cuide da saúde deles.

Leo Caldas/Pulsar Imagens

Criação de ovelhas em Taperoá (PB), 2017.

Adriano Kirihara/Pulsar Imagens

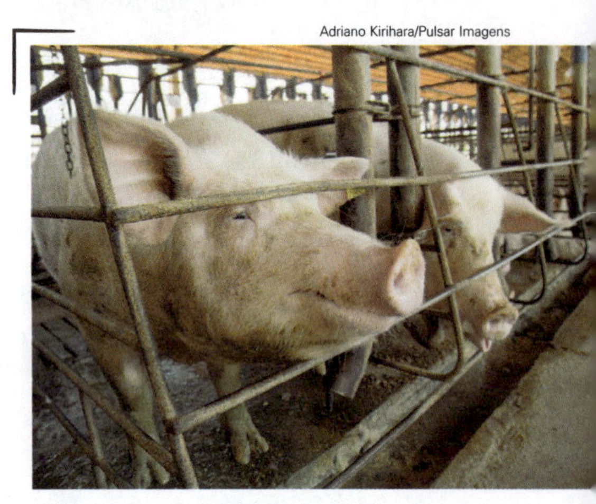

Criação de suínos em Araguari (MG), 2016.

Produtos da pecuária

A criação de animais fornece vários produtos, que podem ser consumidos ao natural ou transformados pela indústria:

- a carne, utilizada na alimentação, pode ser consumida ao natural ou transformada em outros produtos, como a salsicha, a linguiça, a mortadela e o presunto;
- os ossos são utilizados para fabricar objetos (como botões e pentes) e para alimentar alguns animais;
- o couro é utilizado para fabricar bolsas, sapatos e cintos, por exemplo;
- o leite é utilizado ao natural ou para fabricar manteiga, queijo, iogurte e outros derivados.

Atividades

1 Observe o mapa das atividades agropecuárias do estado da Bahia. Depois, com base nele, responda às questões.

Bahia: principais atividades agropecuárias (2016)

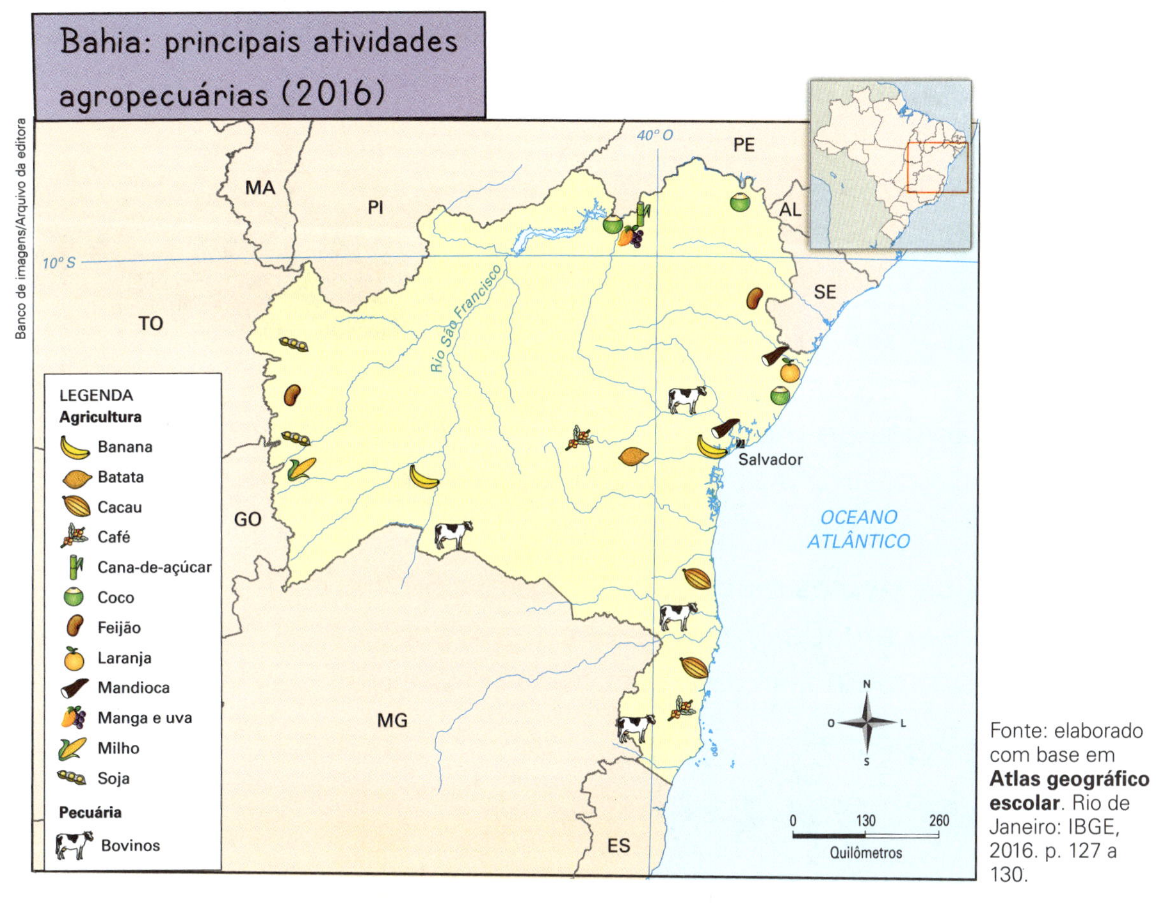

Fonte: elaborado com base em **Atlas geográfico escolar**. Rio de Janeiro: IBGE, 2016. p. 127 a 130.

a) O que são atividades agropecuárias?

b) Qual o principal tipo de gado da pecuária baiana?

c) Quais produtos são cultivados próximo do limite da Bahia com os estados de Tocantins e Goiás?

d) O cacau é cultivado no litoral ou no interior do estado?

2  Façam, em grupo, uma pesquisa sobre as principais atividades agropecuárias do estado onde vocês moram. Caso morem na Bahia, escolham outro estado para fazer a pesquisa. Depois, elaborem um texto com as informações obtidas, com a orientação do professor, e montem um cartaz ilustrado.

Pesca

A **pesca** é uma atividade extrativa que pode ser praticada no mar, em rios, lagos e lagoas. Nos rios, lagos e lagoas geralmente são utilizadas pequenas embarcações. Já em alto-mar são necessárias grandes embarcações.

As pessoas que trabalham na pesca são chamadas **pescadores**. Na pesca comercial, os animais são retirados em grandes quantidades. Para isso, são utilizados a rede tradicional, a tarrafa, o curral de peixes ou a rede de arrasto.

Ricardo Teles/Pulsar Imagens

Pesca com tarrafa em Mucuri (BA), 2018.

A **tarrafa** é uma rede pequena, usada por um só pescador. Ela tem chumbo (bolinhas de metal pesado) nos lados e uma corda no centro. O pescador joga a tarrafa aberta na água para depois retirá-la fechada, já com os peixes dentro.

O **curral de peixes** é um cercado feito com varas e cordas. Os peixes entram na área cercada, trazidos ou empurrados pelas correntes de água, mas não conseguem sair dali por causa da posição das varas e cordas.

Tales Azzi/Pulsar Imagens

Pesca com curral de peixes na praia de Ponta Verde, em Maceió (AL), 2017.

A **rede de arrasto** é uma rede de pesca geralmente grande, por isso usada por grupos de pescadores. Ela pode ser puxada manualmente por pescadores a pé ou por grandes barcos em alto-mar.

Alguns pescadores usam o próprio barco, outros trabalham para companhias nacionais ou estrangeiras, que possuem barcos modernos e bem aparelhados e utilizam técnicas de pesca avançadas.

A criação de animais em meio aquático, em tanques, açudes, lagos ou represas, com a finalidade de comercialização, chama-se **aquicultura** e a criação de peixes chama-se **piscicultura**.

Mineração

A extração de minérios do solo ou do subsolo chama-se **mineração**.

Há vários tipos de minério, como o ouro, a prata, o ferro, o cobre, a bauxita, o petróleo e o sal.

Esses minérios são utilizados para fabricar vários produtos, como joias, utensílios, máquinas e carros, entre outros. Veja alguns exemplos:

Adriano Vizoni/Folhapress

Anel de diamante.

V.Anisimov/Shutterstock

Panela de ferro.

As pessoas que trabalham na mineração chamam-se **mineiros** ou **garimpeiros**.

A atividade de mineração geralmente causa grandes impactos ao ambiente, pois há a retirada da vegetação, exposição do solo à ação erosiva da água da chuva e alteração dos cursos de água. Por isso, são necessárias regras para o desenvolvimento dessa atividade e frequente fiscalização, além da execução de estudos que procurem meios de reduzir esses impactos.

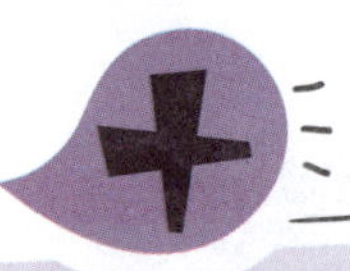

Saiba mais

Corrida do ouro

Após o ciclo de mineração nos séculos XVII e XVIII, o Brasil viveu na década de 1980 uma nova corrida do ouro. Ela aconteceu em Serra Pelada, região localizada no estado do Pará.

Com a descoberta de ouro no local, Serra Pelada rapidamente se tornou o maior garimpo a céu aberto do mundo. Muitas pessoas que buscavam melhorar de vida migraram para a região, que chegou a ter mais de 30 mil habitantes. Em 1981, no auge da produtividade do garimpo, cerca de 10 toneladas de ouro foram extraídas. As más condições de trabalho, a falta de infraestrutura adequada nas minas e os conflitos na região ocasionaram a diminuição da qualidade de vida no local e, consequentemente, a morte de muitas pessoas.

Depois de poucos anos de extração, a produção começou a declinar, até ser paralisada em 1992. A exploração provocou grandes impactos ambientais: onde antes existia um morro, agora há uma cratera. Além disso, muitos rios da região foram contaminados. Apesar de as minas estarem desativadas, estima-se que nelas ainda existam minérios.

Juca Martins/Olhar Imagem

Ricardo Teles/Pulsar Imagens

Serra Pelada, em Curionópolis (PA), em 1986 (durante a exploração do ouro) e em 2016 (depois da exploração). Atualmente, resta uma cratera com aproximadamente 70 metros de profundidade, que foi preenchida pela água e se transformou em um lago poluído de mercúrio (material utilizado para separar o ouro de outros minerais).

1 Complete o texto com as palavras do quadro.

minérios	alto-mar	garimpeiros	tarrafa	joias	pesca

A .... é uma atividade econômica praticada por muitos moradores de cidades litorâneas, ou que vivem próximo a rios. Ela pode ser praticada com instrumentos como a ...., quando utilizada por apenas um pescador, ou grandes redes, quando a pesca é em ....

Os .... exploram o solo e o subsolo em busca de ...., que podem ser usados na produção de ...., por exemplo. Quanto mais raros, mais valiosos se tornam.

2 Em relação ao estado onde você mora, procure descobrir:

a) Onde a pesca é praticada (no mar, em rios, lagos ou lagoas)?

....

b) Quais são os métodos de pesca usados?

....

c) Quais são os peixes mais comuns?

....

....

d) As águas sofrem com poluição? Quais os impactos na pesca?

....

....

- Compartilhe suas descobertas com a turma.

Indústria

Indústria é a atividade econômica que transforma matérias-primas nos mais diversos produtos, geralmente fabricados em grandes quantidades. Chamamos de matéria-prima todo produto obtido da agricultura, da pecuária ou do extrativismo (animal, mineral ou vegetal) que é utilizado para a fabricação de outros produtos.

O látex, por exemplo, é uma matéria-prima obtida do extrativismo vegetal, que é utilizada na indústria para produção de pneus, fios de tecido, materiais plásticos, entre outros produtos.

Mike Flippo/Shutterstock

Bexigas.

Andre Dib/Pulsar Imagens

Seringueiro extrai látex em Tarauacá (AC), 2017.

Alex Larbac/Tyba

Produção de pneus em Resende (RJ), 2012.

Archaman/Shutterstock

Pneus.

Podemos também considerar matéria-prima um material produzido pela indústria, mas que é utilizado para a fabricação de outra mercadoria. O aço, por exemplo, é produzido a partir de alguns minerais e é utilizado na indústria para a produção de muitos bens, como os automóveis.

A transformação de matérias-primas em produtos industrializados é feita, em geral, nas fábricas. O uso de máquinas e equipamentos possibilita obter maior produção e em série (ou seja, em grandes quantidades e **padronizadas**).

padronizadas: que seguem um padrão, que são exatamente iguais.

Há vários tipos de indústria: aquelas que produzem matérias-primas e máquinas que são utilizadas em outras atividades ou em outras indústrias e aquelas que produzem bens para consumo, como a alimentícia, têxtil, farmacêutica, de calçados, de bebidas, de materiais elétricos, entre outras.

Alex Tauber/Pulsar Imagens

Indústria de derivados de carne suína em Chapecó (SC), 2017.

Ernesto Reghran/Pulsar Imagens

Linha de produção em fábrica de tratores em Canoas (RS), 2017.

1 Explique, com suas palavras, o que é:

a) atividade industrial.

....

....

b) matéria-prima.

....

....

....

2 Escolha dois produtos industrializados fabricados pela indústria alimentícia que você consome em sua casa. Depois, com a ajuda de um familiar, faça o que se pede.

a) Observe as embalagens dos produtos escolhidos e preencha o quadro abaixo:

Produto:	
Onde foi fabricado	**Matérias-primas utilizadas**
....	....
....	....
Produto:	
Onde foi fabricado	**Matérias-primas utilizadas**
....	....
....	....

b) A principal matéria-prima utilizada em cada produto tem origem na agricultura, na pecuária ou no extrativismo?

....

....

3 Observe a foto abaixo e depois responda às questões.

Gabriel Lordello/ Mosaico Imagem

Produção de panelas de barro em Vitória (ES), 2015.

a) Como se chama a atividade que está sendo praticada?

....

b) Como se chama a pessoa que pratica essa atividade?

....

c) Qual é a diferença entre essa atividade e a atividade industrial?

....

....

....

d) Em seu município ou estado, é comum encontrar pessoas que praticam atividades desse tipo? O que elas produzem e qual é a matéria-prima que utilizam? Converse com o professor e os colegas.

4  O que você sabe sobre os tipos de indústria que existem em seu estado? Faça uma pesquisa e responda às perguntas a seguir.

a) Que tipos de indústria existem no estado onde você mora?

b) Quais são as principais matérias-primas utilizadas?

Comércio e prestação de serviços

Comércio é a compra e venda de mercadorias. Quem compra é chamado **consumidor**.

Por meio do comércio, as pessoas adquirem os produtos que utilizam em seu dia a dia, fruto das atividades da agricultura, da pecuária, do extrativismo (como a pesca e a mineração) e da indústria.

O comércio feito entre dois países é chamado de **comércio exterior**. Ele pode ser de exportação (quando um país vende seus produtos para outro) e de importação (quando o país compra produtos de outro). O Brasil exporta, por exemplo, calçados, café e cacau para outros países e importa, entre outras coisas, máquinas.

Chico Ferreira/Pulsar Imagens

Feira livre no Rio de Janeiro (RJ), em 2018. Nesse tipo de comércio, as pessoas adquirem, entre outras coisas, produtos vindos da agricultura.

Prestação de serviços são as atividades econômicas que não produzem nem comercializam mercadorias. São atividades realizadas com base nas habilidades e nos conhecimentos adquiridos por determinados profissionais, como médicos, advogados e cabeleireiros, e no fornecimento de serviços, como energia elétrica, água tratada e coleta de esgoto.

João Prudente/Pulsar Imagens

Coleta de lixo em Guaxupé (MG), 2019. A coleta de lixo é um tipo de prestação de serviço.

Atividades

1 Relacione as palavras do quadro aos tipos de profissionais.

1. Comércio	**2. Prestação de serviços**

Ilustrações: Ilustra Cartoon/Arquivo da editora

....

2 O comércio eletrônico vem crescendo muito nos últimos anos no Brasil. Qual é a diferença entre esse tipo de comércio e o comércio ilustrado na atividade acima? Converse com o professor e os colegas.

Saiba mais

Serviços públicos

A coleta de lixo, os serviços de saúde e de segurança, o abastecimento de água e a iluminação das ruas são alguns serviços prestados pelo governo à sociedade.

Mas de onde vem o dinheiro para realizar esses serviços?

Todos os cidadãos pagam ao governo taxas e impostos que são usados, entre outras coisas, para os serviços públicos. Por isso todos nós temos direito a serviços públicos eficientes e de qualidade. E temos o dever de ajudar a zelar por eles.

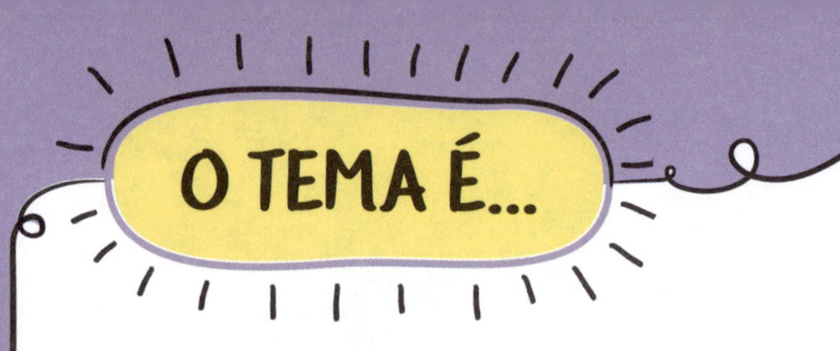

Consumo e suas consequências ambientais

A ilustração abaixo mostra a **cadeia produtiva** de um produto eletrônico. Ela é semelhante à maioria das cadeias produtivas das mercadorias que consumimos em nosso dia a dia, pois ela começa com a extração da matéria-prima, que é transformada em um produto na indústria, o qual depois é comercializado e, por fim, descartado.

cadeia produtiva: conjunto de todas as etapas necessárias para a produção de uma mercadoria, da extração até o consumo final.

Mas você sabia que o ciclo de vida dos eletrônicos (fabricação, uso e descarte) revela que esses produtos têm uma vida útil, ou seja, são "projetados para serem jogados fora"?

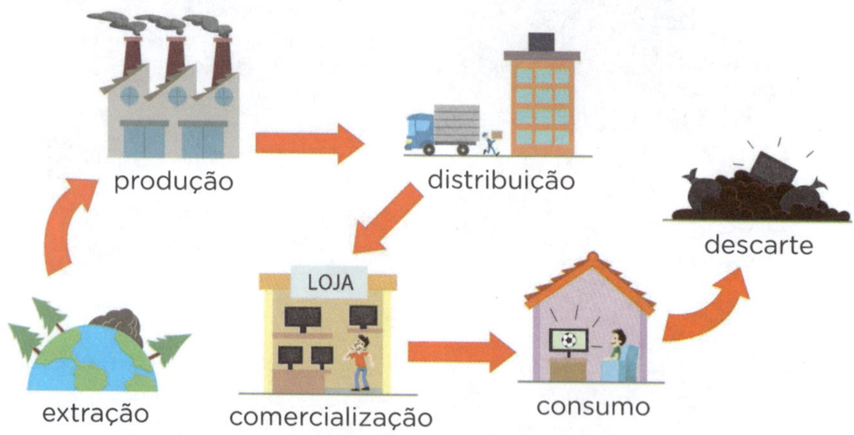

Fonte: elaborado com base em **The Story of Stuff Project**. Disponível em: <https://storyofstuff.org/movies/story-of-stuff/>. Acesso em: 20 fev. 2019.

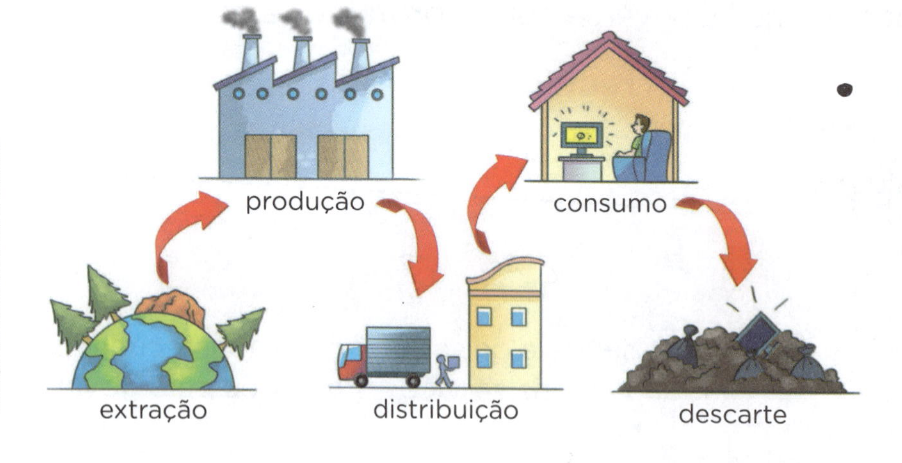

Ilustrações: Ilustra Cartoon/Arquivo da editora

- O que você acha que significa dizer que o computador foi "planejado para ser jogado fora"?

- Algum aparelho eletrônico da sua casa já parou de funcionar? Ele foi consertado? Se não, o que foi feito com o aparelho?
- Na sua casa existem baterias de celular ou carregadores que não servem para os novos aparelhos?

Agora, observe a fotografia ao lado.

- O que está retratado pode ser relacionado com a cadeia produtiva ilustrada na página anterior? Explique sua resposta.
- Você tem um celular? É o seu primeiro aparelho?
- Seus familiares costumam trocar de celular com que frequência? Os aparelhos costumam ser trocados porque não tiveram conserto ou porque havia modelos mais modernos à venda?

Ernesto Reghran/Pulsar Imagens

Depósito de reciclagem de lixo eletrônico em Londrina (PR), 2015. Em 2010, os brasileiros trocavam de celular a cada 6 ou 7 anos. Em 2015, passaram a trocar a cada 1 ano aproximadamente.

- O que foi feito dos aparelhos antigos?
- O que acontece com a quantidade de lixo se utilizamos um produto por pouco tempo e logo compramos outro? E com a extração de matérias-primas?

O que podemos reutilizar? Observe as imagens.

- O que você vê nas fotos? Que materiais foram utilizados para a montagem do aquário e dos potes organizadores?
- Você e sua família costumam **reutilizar** materiais que iriam para o lixo? Como?
- Você sabe que outros materiais podem ser reutilizados? Qual foi a ideia mais interessante que você já viu para a reutilização de materiais? Compartilhe com os colegas.

Jake Harms/Solent News/ REX Shutterstock

Tammy Hanratty/Corbis/Getty Images

Modelando com papel machê

A atividade artesanal tem um grande destaque em algumas comunidades. Além de expressar a cultura de um povo, o artesanato pode ser comercializado, gerando renda para muitas famílias, como você estudou nesta Unidade.

Agora, você vai usar sua criatividade para fazer uma escultura de papel machê.

Material necessário

- 1 tubo grande de cola branca
- água
- 1 rolo de papel higiênico
- bacia
- escorredor de plástico
- toalha
- colher
- pincéis
- tinta guache

Como fazer

1. Coloque o papel higiênico picado na bacia, cubra com água e mexa até dissolver bem.

Ilustrações: Ilustra Cartoon/Arquivo da editora

2 Depois, retire o excesso de água com um escorredor.

3 Coloque a massa em uma toalha, enrole e esprema até sair o máximo possível de água. Reserve a massa na bacia novamente.

Ilustrações: Ilustra Cartoon/Arquivo da editora

4 Misture uma medida de água para uma medida de cola branca e mexa bem.

5 Misture na massa de papel aos poucos e vá amassando com as mãos, até ficar no ponto de uma massa de modelar.

6 Modele a massa no formato que desejar, passe um pincel com cola para dar acabamento e deixe secar por cerca de dois dias.

7 Pinte e espere secar.

Mostre seu trabalho para os colegas e veja como cada um elaborou um produto diferente. Organize, com a orientação do professor, uma exposição dos objetos criados.

UNIDADE 3

OS MEIOS DE TRANSPORTE E DE COMUNICAÇÃO

Marcos de Mello/Arquivo da editora

Entre nesta roda

- Como os personagens da ilustração estão se comunicando? Como eles estão se locomovendo?
- Que meios de comunicação você conhece? E meios de transporte?

Nesta Unidade vamos estudar...

- Meios de transporte terrestres, aéreos e aquáticos
- O trânsito
- Meios de comunicação

6 OS MEIOS DE TRANSPORTE

Os **meios de transporte** são utilizados para levar pessoas e mercadorias de um lugar a outro. Eles facilitam a vida das pessoas e contribuem para o desenvolvimento econômico dos municípios.

Os meios de transporte podem ser:

- **terrestres**: trem, automóvel, ônibus, metrô, caminhão, bicicleta, motocicleta, carroça;
- **aéreos**: avião, helicóptero;
- **aquáticos**: navio, barco, lancha, jangada, balsa.

Para que os meios de transporte sejam usados com segurança, são necessárias vias de circulação e de apoio, como rodovias, ferrovias, portos e aeroportos em bom estado de conservação.

Ilustra Cartoon/Arquivo da editora

- Quais meios de transporte você identifica na ilustração acima?

....

....

Transportes terrestres

Transportes terrestres são aqueles utilizados em ruas, avenidas, estradas e ferrovias, sendo muito empregados no fluxo de mercadorias e de pessoas entre o campo e a cidade.

Para que sejam eficientes, são necessárias:

- estradas de ferro e de rodagem (estradas asfaltadas) em bom estado de conservação;
- estações rodoviárias (de onde saem e aonde chegam os ônibus) e ferroviárias (de onde saem e aonde chegam os trens) bem equipadas.

Nas grandes cidades brasileiras, carros, ônibus, motocicletas, trens e metrôs são os meios de transporte mais utilizados.

Em municípios populosos, como São Paulo e Rio de Janeiro, o trem urbano e o metrô se destacam por transportar muitos passageiros ao mesmo tempo.

Delfim Martins/Pulsar Imagens

O veículo leve sobre trilhos (VLT) é um meio de transporte ferroviário movido a energia elétrica. No Ceará, a via férrea que liga as cidades de Crato e Juazeiro do Norte foi a primeira no Brasil a contar com um VLT. Diversas cidades brasileiras pretendem implantar esse meio de transporte, que se destaca pela baixa emissão de poluentes. Na foto, VLT na estação, em Juazeiro do Norte (CE), em 2017.

Saiba mais

Pedalando com segurança

A bicicleta é um meio de transporte terrestre. Se você gosta de andar de bicicleta, precisa tomar cuidados como: conhecer e respeitar as regras de trânsito; conservar a bicicleta sempre em bom estado; usar equipamentos de segurança, como capacete, entre outros. E é necessário também que existam ciclovias que garantam a segurança dos ciclistas.

Pedalar faz bem à saúde e é uma alternativa aos transportes que poluem o ar e para reduzir os congestionamentos.

Transportes aéreos

Transportes aéreos são os realizados pelo ar.

Para que os meios de transporte aéreos funcionem adequadamente, são necessários aeroportos e heliportos bem aparelhados.

Ismar Ingber/Pulsar Imagens

Aeronaves estacionadas no pátio do Aeroporto Internacional de Brasília (DF), em 2018.

Transportes aquáticos

Os transportes aquáticos podem ser **marítimos** (utilizados no mar), **fluviais** (utilizados nos rios) ou **lacustres** (utilizados em lagos e lagoas).

Para que os meios de transporte aquáticos sejam eficientes, são necessários portos bem equipados, como o da foto abaixo.

Rubens Chaves/Pulsar Imagens

O porto de Manaus (AM) está localizado às margens do rio Negro. Após ter passado por reformas e modernização, transformou-se no maior porto flutuante do mundo. Foto de 2014.

1 Complete as lacunas com as palavras e expressões do quadro.

asfaltadas	meios de transporte	boas condições
carro de boi	carros	cavalo
mercadorias	pessoas	ônibus

a) Os .... terrestres utilizam as vias de circulação, levando .... e ....

b) Antigamente, todas as estradas eram de terra, estreitas e esburacadas, e muitos percursos levavam horas e até dias para serem feitos. Utilizavam-se, nessa época, ... ou ....

Atualmente, ... e .... permitem que os percursos em estradas de rodagem sejam feitos em tempo bem menor. Mas, para que isso aconteça, as estradas devem ser .... e estar em ....

2 Em seu município existem rodovias, ferrovias, aeroportos e portos? Quais você já utilizou?

....

....

3 Ônibus, metrô e trem são meios de transporte coletivos. Em seu município, as pessoas utilizam muito ou pouco esses meios de transporte? Em sua opinião, isso é bom ou ruim para o meio ambiente?

....

....

....

4 Qual é o meio de transporte mais utilizado em seu município? Ele é um meio de transporte terrestre, aéreo ou aquático?

....

....

5 Converse sobre as perguntas abaixo com o professor e os colegas.

a) No município onde você vive existem problemas de transporte? Se sim, quais?

b) A quantidade de meios de transporte é suficiente para atender às necessidades da população do município? Em caso negativo, qual seria a solução?

6 Observe o mapa abaixo.

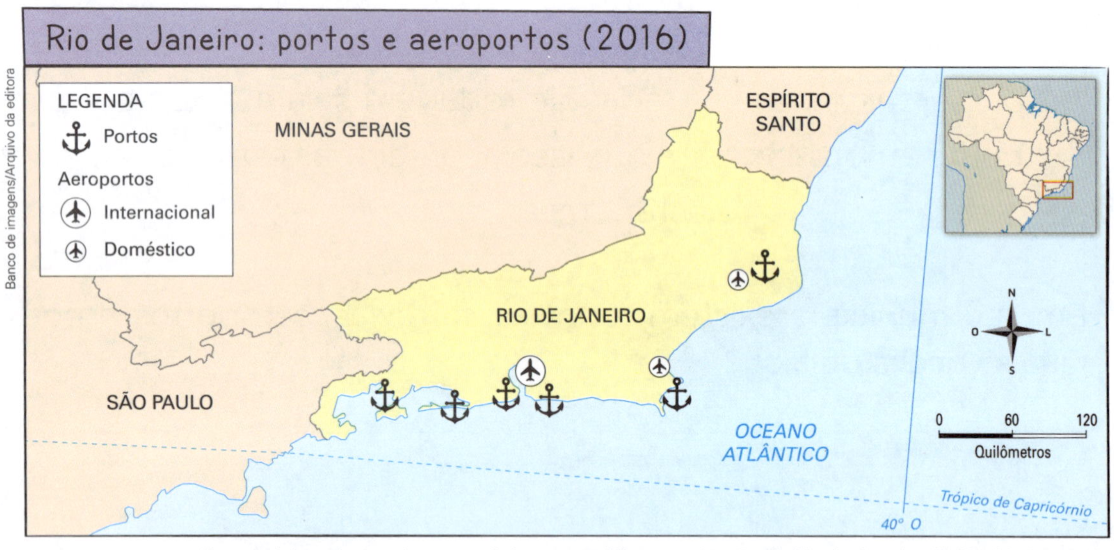

Fonte: elaborado com base em **Atlas geográfico escolar**. 7. ed. Rio de Janeiro: IBGE, 2016. p. 143.

Agora, complete as frases.

a) O mapa acima representa o estado do ....

b) As informações representadas no mapa referem-se à localização de ....

c) O estado indicado no mapa tem .... aeroportos, sendo .... deles internacional.

7 O mapa abaixo mostra as vias de circulação no Brasil. Responda às perguntas a seguir com base nele.

Brasil: vias de circulação (2013)

Banco de imagens/Arquivo da editora

Fonte: elaborado com base em **Geoatlas**, de Maria Elena Simielli. 34. ed. São Paulo: Ática, 2013. p. 121.

a) Em qual região há mais vias de transporte aquáticas?

....

b) Em qual região há maior número de rodovias? Marque com um **X**.

☐ Região Norte ☐ Região Sudeste

c) Você sabe o nome de uma rodovia importante do seu estado? Escreva abaixo o nome dela e depois tente localizá-la no mapa. Ela passa pelo município onde você mora?

....

O trânsito

Trânsito é o movimento de pedestres e veículos (carros, ônibus, caminhões, motocicletas) nas ruas, avenidas e estradas.

Ilustra Cartoon/Arquivo da editora

Para orientar os pedestres e os veículos e evitar acidentes, existem os **sinais de trânsito**, como o semáforo, as faixas de pedestres e as placas de sinalização. Os agentes de trânsito também ajudam a orientar motoristas e pedestres.

Semáforo

O semáforo é um dos mais importantes sinais de trânsito. Serve para organizar o fluxo de veículos e de pedestres. Quando devidamente respeitado, o semáforo ajuda a reduzir a frequência de acidentes de trânsito, porque determina a parada dos veículos, o que permite a travessia segura dos pedestres.

Você sabe o que significa cada cor do semáforo? Observe as fotos a seguir.

O vermelho indica: PARE!
O amarelo indica: ATENÇÃO!
O verde indica: SIGA!

Duda Vasilii/Shutterstock

Semáforo para veículos.

Duda Vasilii/Shutterstock

O semáforo para pedestres apresenta duas cores: vermelho e verde. O vermelho indica que não devemos atravessar a rua; o verde indica quando podemos atravessá-la.

Faixa de pedestres

A faixa de pedestres é uma sinalização pintada no chão e é fundamental para garantir a segurança dos pedestres. Ela alerta os motoristas para que tenham cuidado e diminuam a velocidade ou parem para a passagem das pessoas.

Rubens Chaves/Pulsar Imagens

Para uma travessia segura, as pessoas devem atravessar as ruas na faixa de pedestres. Na foto, pedestres em Belo Horizonte (MG), 2014.

Placas de sinalização

As placas de sinalização ajudam a organizar o trânsito, alertando os usuários sobre as condições da via, proibições, situações perigosas, obstáculos, entre outras informações. São alertas que visam garantir a segurança de motoristas, pedestres e ciclistas.

Há grande variedade de placas de sinalização, cada uma com um significado. Observe algumas nas fotos a seguir.

vichie81/Shutterstock

Proibido trânsito de bicicletas.

Chii Chobits/Shutterstock

Sentido obrigatório.

Luisrftc/Shutterstock

Proibido tráfego de caminhões.

petch one/Shutterstock

Saliência ou lombada.

Photoonlife/Shutterstock

Animais selvagens.

Atividades

1 Observe a ilustração e complete o texto, indicando como os personagens podem utilizar os sinais de trânsito em seu itinerário.

Ilustra Cartoon/Arquivo da editora

- Para chegar até a escola, Raquel e Luciano têm de atravessar algumas ruas. Eles não correm perigo, pois sabem que...

....

....

....

2 Com um grupo de colegas, observe a sinalização de trânsito ao redor da escola. Depois, conversem sobre as questões a seguir e anotem as ideias do grupo no caderno.

a) As ruas e avenidas nos arredores da escola são bem sinalizadas? Existe alguma rua ou local perigoso para os alunos? Se sim, o que deveria ser feito para resolver o problema?

b) Existem semáforos para carros e pedestres e faixas de pedestres nos locais necessários? Algum local mereceria a instalação desses equipamentos?

3 Leia o texto abaixo.

Quem inventou o automóvel?

Henry Ford tinha um sonho. Desde que construíra o seu primeiro automóvel, em 1896 – um tipo de bicicleta com um motor de dois cilindros –, sonhava em fabricar um automóvel com motor que fosse acessível ao homem comum. Dizia: “Construirei um automóvel com motor para a grande multidão...

Library of Congress/Corbis/VCG/Getty Images

Ford modelo T, de 1908.

Terá um preço tão baixo que nenhum homem com um bom ordenado ficará privado de o possuir, e de gozar com a família horas de prazer nos grandes espaços abertos [...].”

Durante anos, o sonho de Ford de fabricar o “carro para o povo” continuou por realizar. Fundou a Ford Motor Company em Detroit [Estados Unidos], em 1903, produzindo nove modelos diferentes durante os primeiros anos. Alguns eram dispendiosos, mas a maioria tinha um preço modesto. No entanto, eram fabricados em quantidades pequenas e em grande parte construídos à mão por artesãos experientes, como acontecia com os concorrentes de Ford, entre os quais o Oldsmobile e o Cadillac.

Em 1908, Ford apresentou o veículo que transformaria a indústria do automóvel e a forma como as pessoas viajavam: o modelo T, conhecido por “Tin Lizzie”, ou “Lizzie de Lata”. Era um automóvel utilitário e simples, mas feito de materiais resistentes.

Grandes acontecimentos que transformaram o mundo. Rio de Janeiro: Reader’s Digest Brasil, 2000.

Converse com o professor e os colegas sobre as questões a seguir.

a) Você considera a invenção do automóvel importante? Por quê?

b) Você acha que o sonho de Ford se realizou? Por quê?

c) Qual é a diferença entre o modo de produção de carros citado no texto e o modo como são produzidos atualmente?

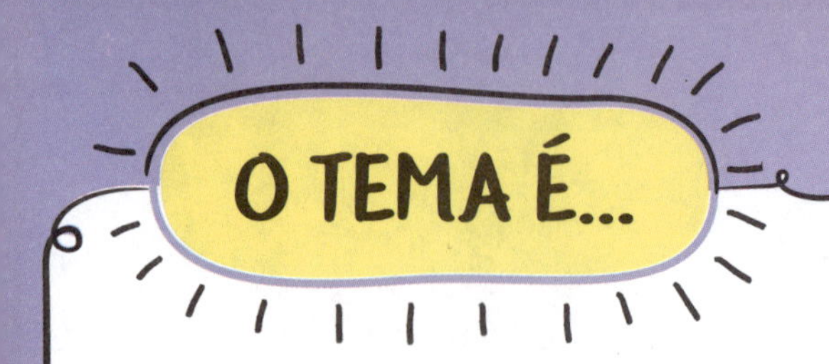

Responsabilidade no trânsito

O desrespeito aos sinais de trânsito é algo muito sério e causa graves acidentes nas cidades e nas estradas. No Brasil, além dos sinais de trânsito, existe um documento que contém todas as leis de trânsito do país: é o **Código de Trânsito Brasileiro** (CTB). O CTB também apresenta todas as orientações de segurança no trânsito em vias terrestres urbanas e rurais. Observe as ilustrações.

Ilustrações: Ilustra Cartoon/Arquivo da editora

O uso do cinto de segurança é obrigatório a todos os ocupantes do veículo, inclusive aos que estão sentados no banco de trás.

Só pode dirigir quem tem carteira de habilitação em dia.

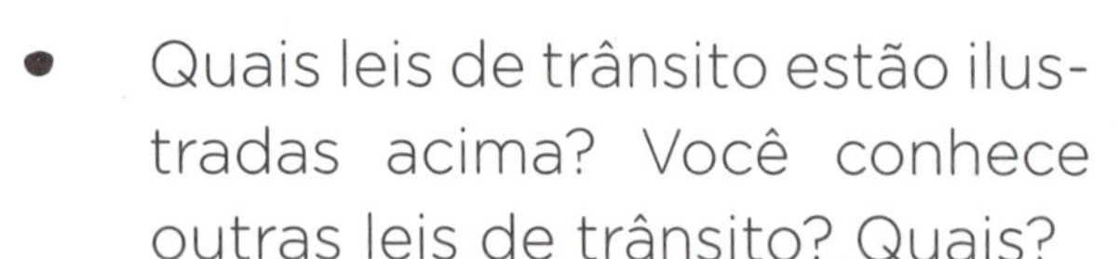

- Quais leis de trânsito estão ilustradas acima? Você conhece outras leis de trânsito? Quais?
- Quando você anda de carro ou de ônibus, presta atenção ao que o motorista faz no trânsito? Que atitudes erradas você já observou?
- E quem anda a pé, que cuidados deve ter no trânsito?

Ernesto Reghran/Pulsar Imagens

Placa de sinalização para pedestres e ciclistas em Porto Alegre (RS), em 2018.

S-F/Shutterstock

A Holanda é um país famoso pelo uso de bicicletas como meio de transporte. Na foto, ciclistas em Amsterdã, na Holanda, em 2016.

Stuart Forster/Shutterstock

Em 2014, foi inaugurada em Eindhoven, na Holanda, uma ciclovia que brilha no escuro, em homenagem à obra **Noite estrelada**, de Van Gogh, pintor holandês. Foto de 2015.

- Você e sua família costumam andar de bicicleta? Se sim, quando?
- Você conhece alguém que utiliza a bicicleta como meio de transporte?
- No município onde você vive há ciclovias? Há sinalização para os ciclistas?
- O que você acha de as pessoas trocarem o carro pela bicicleta como meio de transporte?
- Que outros meios de deslocamento podem ser usados em substituição ao carro? Quais as vantagens desses meios para melhorar o trânsito e a qualidade de vida das pessoas?

7 OS MEIOS DE COMUNICAÇÃO

A todo momento nos comunicamos com as pessoas e com o mundo, e para isso usamos diferentes meios de comunicação. Eles permitem que as pessoas troquem informações, expressem suas ideias, adquiram conhecimentos, trabalhem, divirtam-se, entre outras coisas. Os meios de comunicação são essenciais para conectar a área rural e a área urbana do município em suas trocas comerciais, por exemplo.

Há diferentes meios de comunicação, como rádio, televisão, cinema, teatro, revistas, jornais impressos e virtuais, telefone e internet.

O telefone

O telefone é um dos meios de comunicação mais utilizados no mundo, pois permite a comunicação instantânea a distância.

O **telefone celular** possibilita que a comunicação seja feita sem a necessidade de fios, favorecendo a mobilidade do usuário. Os aparelhos celulares mais modernos, com acesso à internet, reproduzem áudios, vídeos, mensagens de texto, além de terem as funções rádio e TV, por exemplo.

StockMySelf/Shutterstock

Década de 1920.

Tim Boyle/Bloomberg/Getty Images

Década de 1980.

Pieter Beens/Shutterstock

Década de 2010.

Saiba mais

Ligações locais, interurbanas e internacionais

A ligação telefônica feita dentro de um município é chamada de **local**; a ligação feita de um município para outro é a ligação **interurbana**; e a feita de um país para outro chama-se **ligação internacional**. Os sistemas de Discagem Direta a Distância (DDD) e de Discagem Direta Internacional (DDI) permitem ligações interurbanas nacionais e internacionais com grande facilidade.

A carta

Ilustra Cartoon/Arquivo da editora

A carta é uma forma de comunicação escrita à mão ou impressa, endereçada a uma ou a várias pessoas.

Para a correspondência chegar a seu destino, é necessário escrever no envelope o endereço do destinatário (pessoa para quem a correspondência será enviada). É preciso também indicar o endereço do remetente (pessoa que está enviando a correspondência).

O jornal

O jornal é um meio de comunicação impresso, virtual ou televisivo.

O primeiro jornal impresso publicado no Brasil foi a **Gazeta do Rio de Janeiro**, em 1808, quando a família real estava instalada na cidade. Esse jornal noticiava apenas os assuntos que eram de interesse da Coroa portuguesa.

Durante muito tempo, o jornal impresso foi uma das principais fontes de informação dos brasileiros.

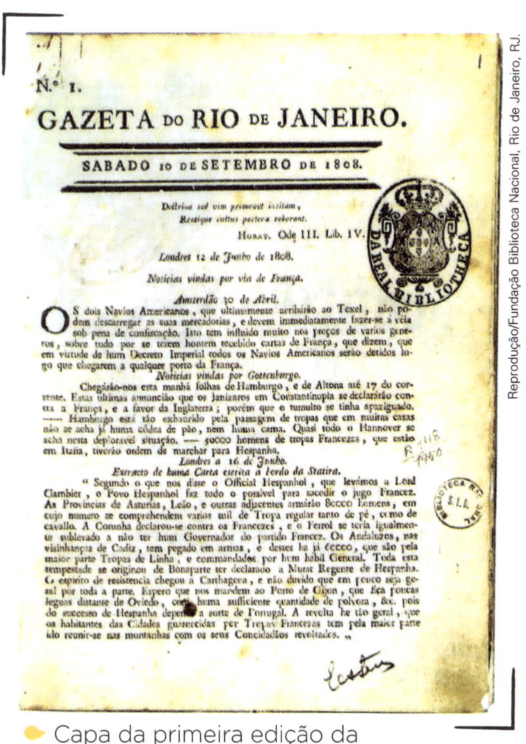

N.º 1.

GAZETA DO RIO DE JANEIRO.

SABADO 10 DE SETEMBRO DE 1808.

Doctrina sed vim promovet insitam,
Rectique cultus pectora roborant.
Horat. Ode III. Lib. IV.

Londres 12 de Junho de 1808.

Noticias vindas por via de França.

Amsterdão 30 de Abril.

OS dois Navios Americanos, que ultimamente arribárão ao Texel, não podem descarregar as suas mercadorias, e devem immediatamente fazer-se á véla sob pena de confiscação. Isto tem influido muito nos preços de varios generos, sobre tudo por se terem hontem recebido cartas de França, que dizem, que em virtude de hum Decreto Imperial todos os Navios Americanos serão detidos logo que chegarem a qualquer porto da França.

Noticias vindas por Gottenburgo.

Chegárão-nos esta manhã folhas de Hamburgo, e de Altona até 17 do corrente. Estas ultimas annuncião que os Janizaros em Constantinopla se declarárão contra a França, e a favor da Inglaterra; porém que o tumulto se tinha apaziguado. —— Hamburgo está tão exhaurido pela passagem de tropas que em muitas casas não se acha já huma códea de pão, nem huma cama. Quasi todo o Hannover se acha nesta deploravel situação. —— 50000 homens de tropas Francezas, que estão em Italia, tiverão ordem de marchar para Hespanha.

Londres a 16 de Junho.

Extracto de huma Carta escrita a bordo da Statira.

"Segundo o que nos disse o Official Hespanhol, que levámos a Lord Clambier, o Povo Hespanhol faz todo o possivel para sacudir o jugo Francez. As Provincias de Asturias, Leão, e outras adjacentes armárão 80000 homens, em cujo numero se comprehendem varios mil de Tropa regular tanto de pé, como de cavallo. A Corunha declarou-se contra os Francezes, e o Ferrol se teria igualmente sublevado a não ter hum Governador do partido Francez. Os Andaluzos, nas visinhanças de Cadiz, tem pegado em armas, e destes ha já 60000, que são pela maior parte Tropas de Linha, e commandados por hum habil General. Toda esta tempestade se originou de Bonaparte ter declarado a Murat Regente de Hespanha. O espirito de resistencia chegou a Carthagena, e não duvido que em pouco seja geral por toda a parte. Espero que nos mandem ao Porto de Gijon, que fica poucas leguas distante de Oviedo, com huma sufficiente quantidade de polvora, &c. pois do successo de Hespanha depende a sorte de Portugal. A revolta he tão geral, que os habitantes das Cidades guarnecidas por Tropas Francezas tem pela maior parte ido reunir-se nas montanhas com os seus Concidadãos revoltados."

Reprodução/Fundação Biblioteca Nacional, Rio de Janeiro, RJ.

Capa da primeira edição da **Gazeta do Rio de Janeiro**, de 1808.

Com o desenvolvimento de novas tecnologias, o computador e a internet dominaram as redações dos jornais. Hoje, eles podem ser lidos *on-line* em computadores, *tablets* e no celular.

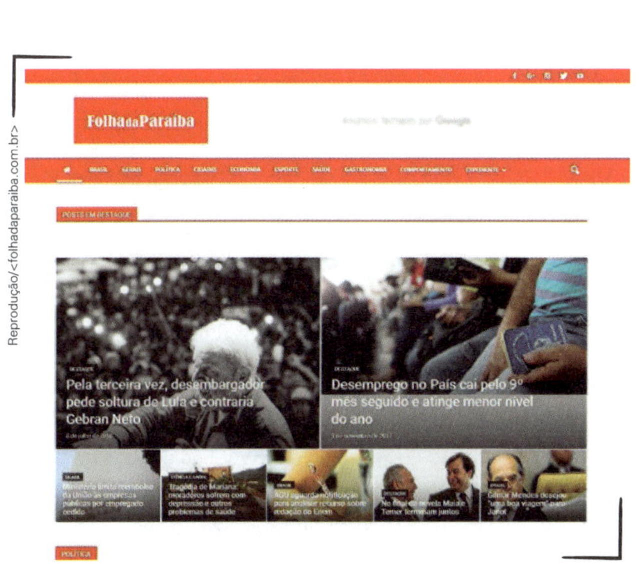

Reprodução/<folhadaparaiba.com.br>

Reprodução de página do jornal *on-line* **Folha da Paraíba**.

A internet

A grande revolução das comunicações ocorreu com o **advento** do computador e da internet. Hoje, no mundo, eles praticamente se tornaram indispensáveis, sobretudo por agilizar e aperfeiçoar a divulgação de informações e o funcionamento das atividades de empresas, órgãos governamentais, bancos e estabelecimentos comerciais.

A internet é a rede que interliga computadores do mundo inteiro. Ela facilita a comunicação escrita e falada entre as pessoas, em tempo real, além de permitir o acesso a diversas informações e a navegação por variados *sites* - páginas virtuais de conteúdo. Pela internet, é possível, por exemplo, visitar museus e bibliotecas de outros países; aprender uma língua estrangeira; fazer um passeio virtual por montanhas de locais **remotos** do planeta; conhecer a cultura de outros povos; entre inúmeras possibilidades.

advento: surgimento, chegada.
remotos: distantes, longínquos.

Bloomicon/Shutterstock

Diversos aplicativos de mapas instalados em celulares utilizam a internet para fornecer orientação nos deslocamentos.

No Brasil, o acesso à internet tem aumentado cada vez mais, principalmente entre os jovens. Pesquisa realizada pelo IBGE apontou que, em 2016, a maioria dos brasileiros utilizou a internet para trocar mensagens por aplicativos de bate-papo. No entanto, aproximadamente 35% dos brasileiros ainda não têm acesso à internet, com grande variação entre as regiões brasileiras. Observe o gráfico abaixo.

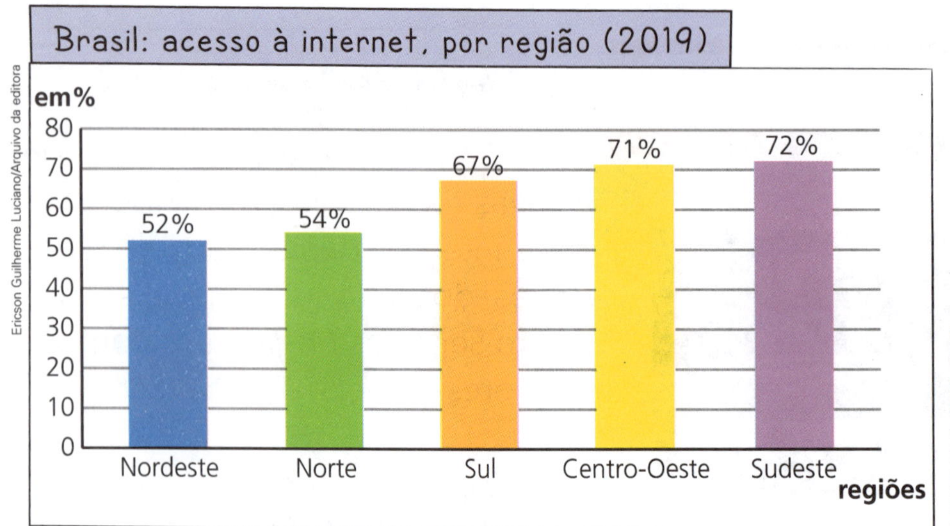

Ericson Guilherme Luciano/Arquivo da editora

Fonte: elaborado com base em IBGE. **Pesquisa Nacional por Amostra de Domicílios Contínua**. Disponível em: <www.ibge.gov.br/estatisticas-novoportal/sociais/trabalho/17270-pnad-continua.html?=&t=o-que-e>. Acesso em: 22 mar. 2019.

A internet possibilita às pessoas enviarem *e-mails* (correio eletrônico pelo qual se encaminham fotos, imagens, documentos e outros tipos de texto) ou mensagens instantâneas (por meio de aplicativos específicos), utilizando para isso, computadores, celulares e *tablets*.

Os usuários de redes sociais da internet fazem uso de uma linguagem própria de comunicação, que inclui os *emoticons*, figuras que indicam estados emocionais, como alegria, tristeza, espanto, entre outros.

Outra novidade trazida pela internet é a comunicação por meio de câmeras que, ligadas a um computador, transmitem imagens em tempo real.

Em algumas situações e lugares, para usar o telefone, o fax ou a internet, são necessários satélites artificiais, que ficam no espaço, em torno da Terra. Os satélites recebem e transmitem sons e imagens do mundo todo ao mesmo tempo em que as emissões estão sendo feitas.

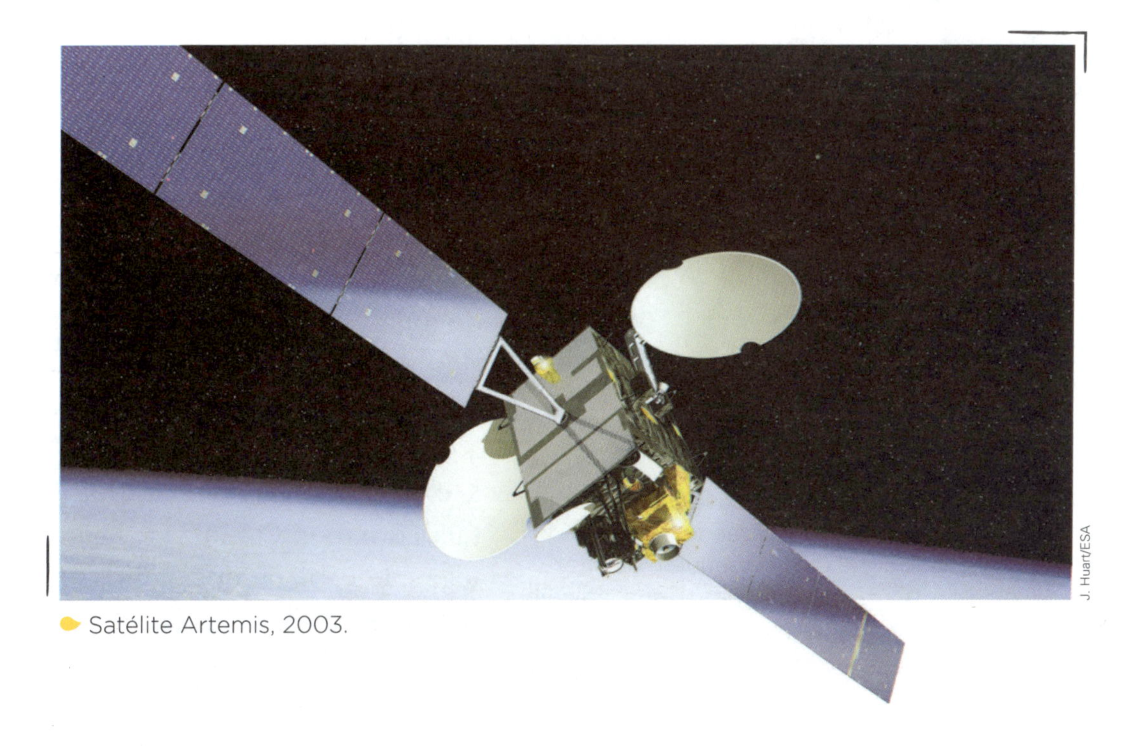

Satélite Artemis, 2003.

Atividades

1 Forme um grupo com alguns colegas para fazer o seguinte trabalho:

a) Separem a primeira página de um jornal de seu município ou estado.

b) Verifiquem os principais assuntos do dia, de diferentes áreas: política, educação, esportes, cultura, meio ambiente, entre outras.

c) O professor vai determinar uma área para cada grupo pesquisar. O grupo deve ler uma notícia da área e fazer um resumo em folha à parte.

d) Ao final, cada grupo vai expor a notícia lida e o resumo feito.

2 Leia o trecho de reportagem a seguir com o professor e os colegas.

Sem enxergar, elas provam que a vida é brincadeira

As crianças com deficiência visual têm uma vida tão agitada quanto a sua. A diferença é que elas não enxergam.

Experimente colocar uma venda nos olhos e passar o dia todo assim. Parece difícil, não é? Mas para elas é natural. [...]

Colegas ajudam na hora do intervalo

Os alunos do Colégio Centenário, em São Paulo, sabem como é ter colegas com deficiência visual na sala de aula. "A Fabiana é um barato, nós rimos a valer com ela", conta Tatiana Siqueira, 10. "Ela faz tudo igualzinho à gente, mas, em vez de escrever com a caneta, ela usa a máquina braile", fala Fernanda Cabral, 11. Elas são colegas de Fabiana dos Santos, que tem deficiência visual. [...]

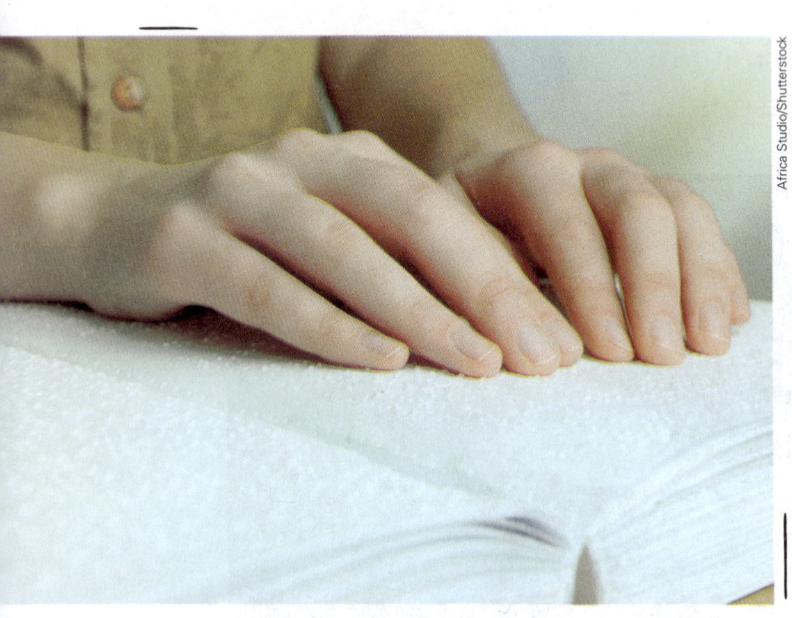

Africa Studio/Shutterstock

Desde pequenas, muitas crianças com deficiência visual aprendem a ler em braile, utilizando o tato. É com a ponta dos dedos que elas conseguem decifrar combinações de sinais em relevo no papel, que indicam letras, palavras e números.

Quem criou o alfabeto em braile

Louis Braille, inventor do alfabeto em braile, ficou cego aos 5 anos. Aos 15 anos, ele inventou um sistema em que usava seis buracos dentro de um pequeno espaço (as celas). Com esses buracos, é possível fazer 63 combinações diferentes, cada uma indicando uma letra do alfabeto, um número e um sinal de pontuação. [...]

Sem enxergar, elas provam que a vida é brincadeira, de Katia Calsavara. **Folha de S.Paulo**, São Paulo, 14 abr. 2001. Folhinha, p. 4 e 6. Disponível em: <www1.folha.uol.com.br/folhinha/dicas/di14040107.htm>. Acesso em: 15 jan. 2019.

- Escreva **V** para as alternativas verdadeiras e **F** para as falsas.

☐ Segundo a reportagem, as crianças com deficiência visual têm uma vida parecida com a de outras crianças; a diferença é que elas não enxergam.

☐ Segundo a reportagem, os alunos do colégio não estão acostumados a ter colegas com deficiência visual na sala de aula.

☐ Fabiana escreve no caderno como os outros alunos da classe.

☐ O alfabeto em braile foi criado por Louis Braille.

3 Agora, responda:

a) A escola em que você estuda está adaptada para pessoas com deficiência visual?

....

b) Se sim, quais são os recursos existentes?

....

....

c) Se não estiver adaptada, o que seria necessário implantar?

....

....

8 A EVOLUÇÃO DA COMUNICAÇÃO E DO TRANSPORTE

Nos últimos duzentos anos, houve uma grande transformação nos meios que a humanidade utiliza para se deslocar pelo mundo e nos meios que usa para se comunicar.

Com o desenvolvimento da tecnologia, os meios de transporte ficaram mais rápidos e mais acessíveis às pessoas. Isso também ocorreu com os meios de comunicação. Entre as muitas inovações, destacam-se o computador e a internet, que estão modificando a forma de utilizar os meios de transporte e de comunicação. Observe as fotos.

Guilerme Gaensly/Fundação Patrimônio Histórico da Energia e Saneamento, São Paulo, SP.

Bonde que circulava em São Paulo (SP) na década de 1910, com uma velocidade média de 20 km por hora.

Delfim Martins/Pulsar Imagens

Trem do metrô na cidade de Fortaleza (CE), em 2018, que circula a uma velocidade média de 90 km por hora.

Bettmann Archive/Getty Images

Os primeiros computadores pessoais ou PCs (do inglês *personal computer*) eram máquinas grandes e pesadas, difíceis de transportar. Na foto, PCs da década de 1980.

sahlan/Shutterstock

Atualmente, muitas pessoas usam *notebooks*, que são mais leves, finos, portáteis e têm recursos avançados. Na foto, *notebook* da década de 2010.

Atividades

1 Leia o cartum a seguir. Depois, responda às questões.

Tempos modernos, de Alpino. Disponível em: <http://horaciocb.blogspot.com/2015/01/alpinotempos-modernos.html>. Acesso em: 25 mar. 2019.

a) Qual é o título do cartum?

....

b) Assinale as alternativas verdadeiras.

☐ O cartum faz uma crítica ao fato de que, hoje em dia, o modo como as famílias se relacionam mudou em razão da internet.

☐ O cartum mostra que, apesar de juntas no mesmo espaço físico, as pessoas estão distantes, entretidas em conversas virtuais e jogos.

☐ Celular, computador ou *videogame* não são tecnologias adequadas à comunicação.

c) Converse com o professor e os colegas sobre o que você achou da mensagem do cartum e se a situação retratada ocorre ou não na realidade.

2 Faça a atividade Quiz *de História e Geografia* das páginas 27, 29 e 31 do **Caderno de criatividade e alegria**.

Elaborando panfletos com dicas de segurança na internet

Com os colegas, você vai elaborar um panfleto com dicas sobre como usar a internet com segurança, para distribuir aos alunos na escola.

Entre outras funções, um panfleto serve para divulgar informações sobre um assunto de interesse social. Observe as fotos.

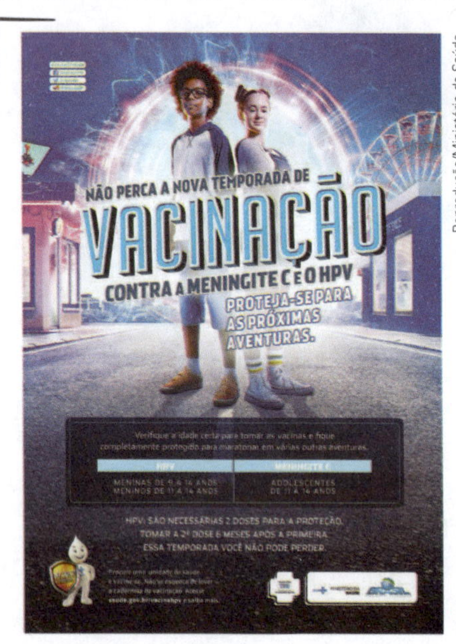

Reprodução/Ministério da Saúde

Panfleto distribuído pelo Ministério da Saúde convidando a população a se vacinar contra a meningite e o HPV. Campanha de 2018.

Reprodução/Prefeitura de São Paulo

Panfleto em português, inglês e espanhol distribuído pela Prefeitura de São Paulo com informações sobre doenças transmitidas por água e alimentos contaminados e formas de prevenção. Campanha de 2017.

Agora, você e os colegas vão elaborar um panfleto.

Material necessário

- computador
- folhas de papel sulfite
- tesoura com pontas arredondadas
- cola
- lápis de cor

Como fazer

1. Forme um grupo com alguns colegas. Conversem sobre o tema e pensem na mensagem que vocês querem transmitir. Conversem também sobre as imagens que o panfleto deve conter e no público que vocês querem atingir. Se precisarem de informações, acessem com o professor o *site* **Cartilha de segurança para internet**, disponível em: <https://cartilha.cert.br>. Acesso em: 24 abr. 2019.

Ilustra Cartoon/Arquivo da editora

2. No caderno, façam um rascunho do texto do panfleto. Mostrem ao professor, corrijam, se necessário, e façam a versão final.

3. Cortem uma folha de papel sulfite ao meio. Montem o panfleto em uma das metades, distribuindo imagens e texto. Escrevam o tema do panfleto com destaque e usem recursos visuais, como fotos e desenhos.

4. Depois de pronto, cada grupo vai apresentar seu panfleto, comentando os recursos utilizados, o tema trabalhado e o objetivo do material produzido.

5. Se possível, providenciem cópias dos panfletos e vejam com a direção da escola se vocês podem distribuir o material aos colegas de outras turmas.

UNIDADE 4 ESTUDANDO A PAISAGEM

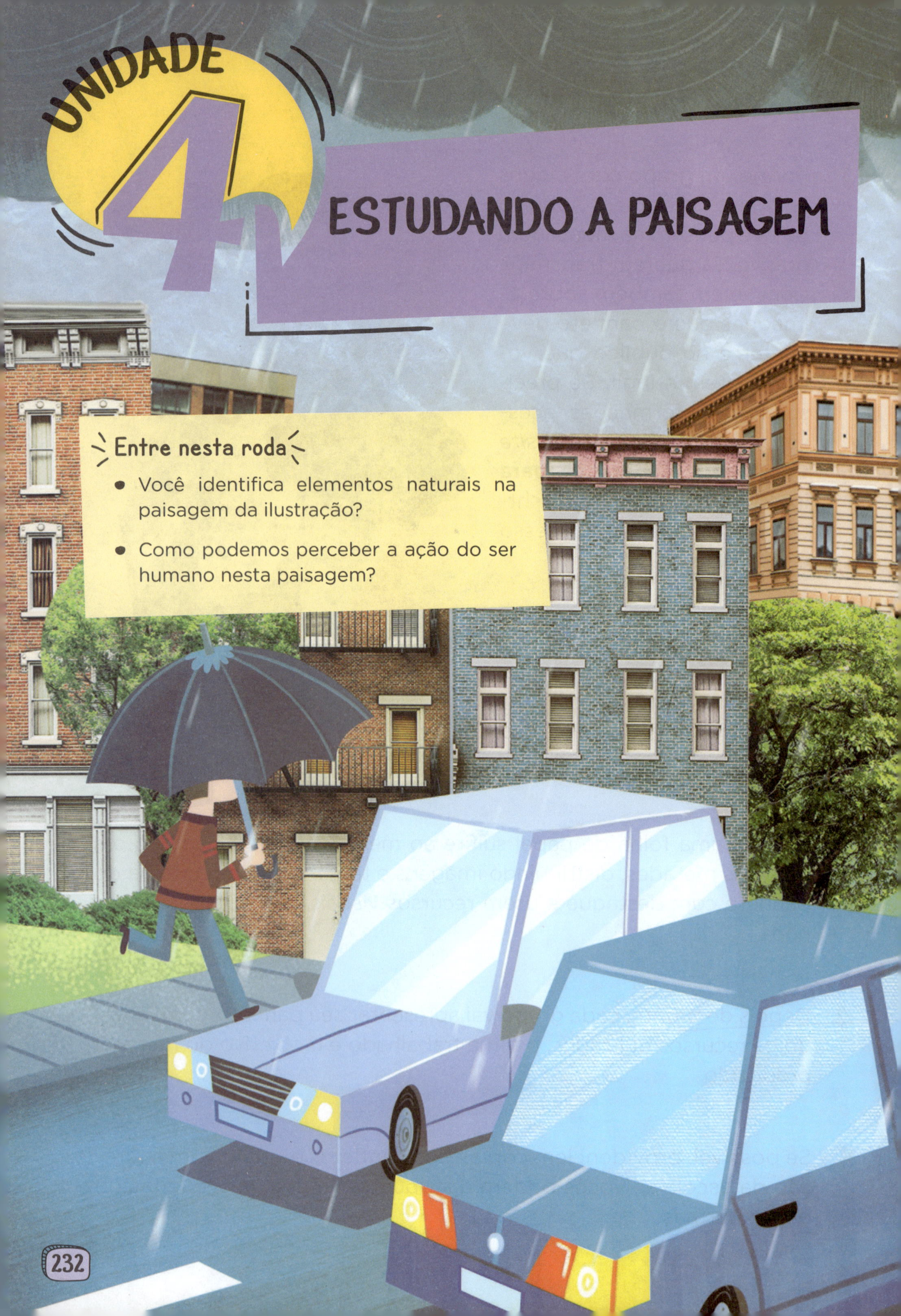

Entre nesta roda

- Você identifica elementos naturais na paisagem da ilustração?
- Como podemos perceber a ação do ser humano nesta paisagem?

Marcos de Mello/Arquivo da editora

Nesta Unidade vamos estudar...

- O relevo e a hidrografia
- O clima e a vegetação
- As mudanças na paisagem

9 O RELEVO

A superfície terrestre, a parte externa da crosta terrestre em que habitamos, é constituída de terrenos de várias formas: mais altos ou mais baixos, mais planos ou acidentados (que apresentam ondulações, irregularidades). Essas características da superfície são chamadas **relevo**.

A superfície terrestre já foi muito diferente de como a conhecemos hoje e continua passando por alterações, pois sofre, ao longo do tempo, a ação de vários **agentes naturais**, como o vento, a água da chuva e dos rios e o calor do Sol. Além disso, o relevo também sofre modificações causadas pelos seres humanos.

Observe na ilustração algumas formas de relevo.

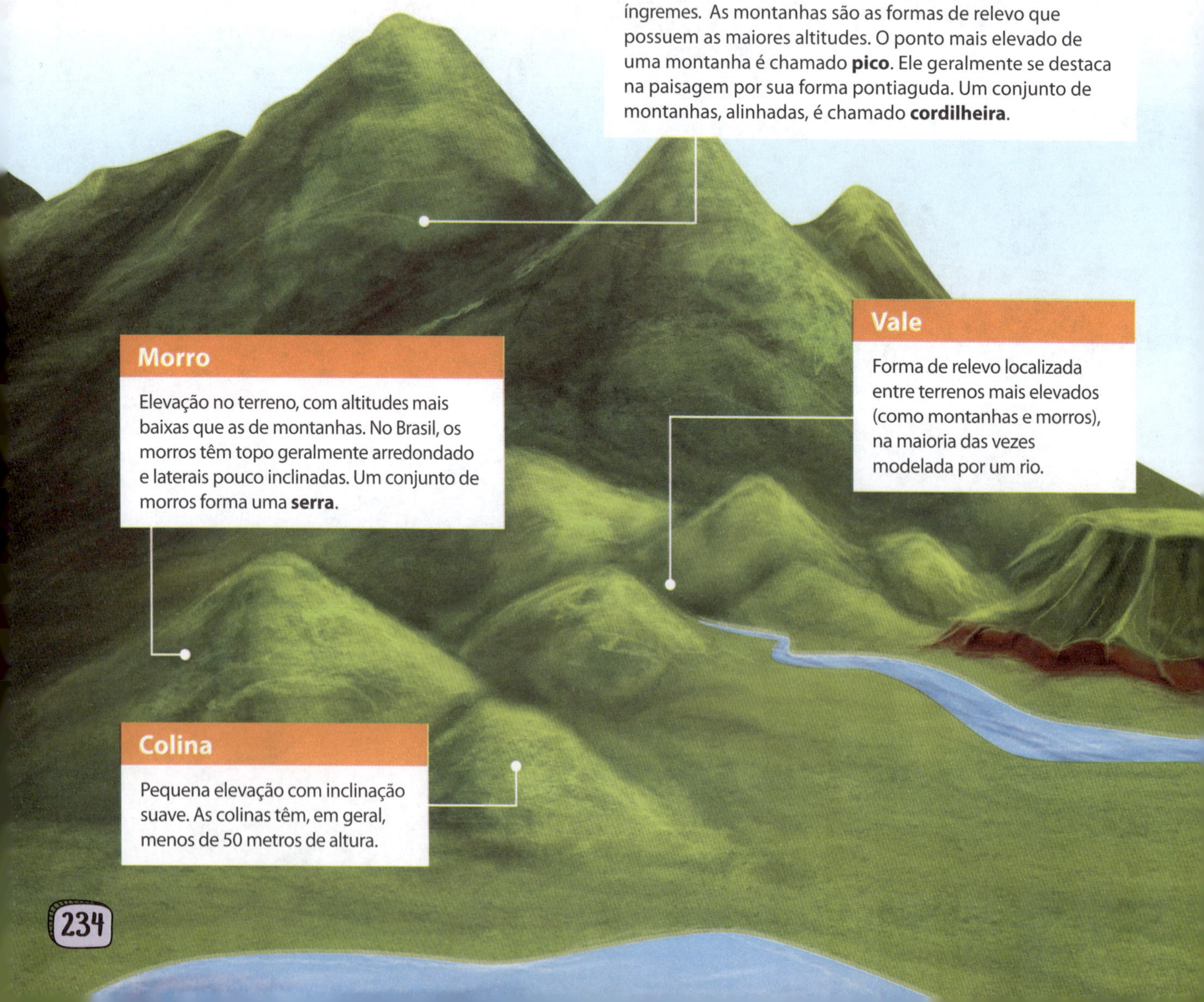

Montanha

Grande elevação do terreno, com laterais geralmente bastante íngremes. As montanhas são as formas de relevo que possuem as maiores altitudes. O ponto mais elevado de uma montanha é chamado **pico**. Ele geralmente se destaca na paisagem por sua forma pontiaguda. Um conjunto de montanhas, alinhadas, é chamado **cordilheira**.

Vale

Forma de relevo localizada entre terrenos mais elevados (como montanhas e morros), na maioria das vezes modelada por um rio.

Morro

Elevação no terreno, com altitudes mais baixas que as de montanhas. No Brasil, os morros têm topo geralmente arredondado e laterais pouco inclinadas. Um conjunto de morros forma uma **serra**.

Colina

Pequena elevação com inclinação suave. As colinas têm, em geral, menos de 50 metros de altura.

Saiba mais

Você sabe a diferença entre a altitude e a altura de uma montanha?

Altura é a medida da distância entre o topo da montanha e a sua base. Já a altitude é a medida da distância entre o topo da montanha e o nível do mar. Observe a ilustração abaixo.

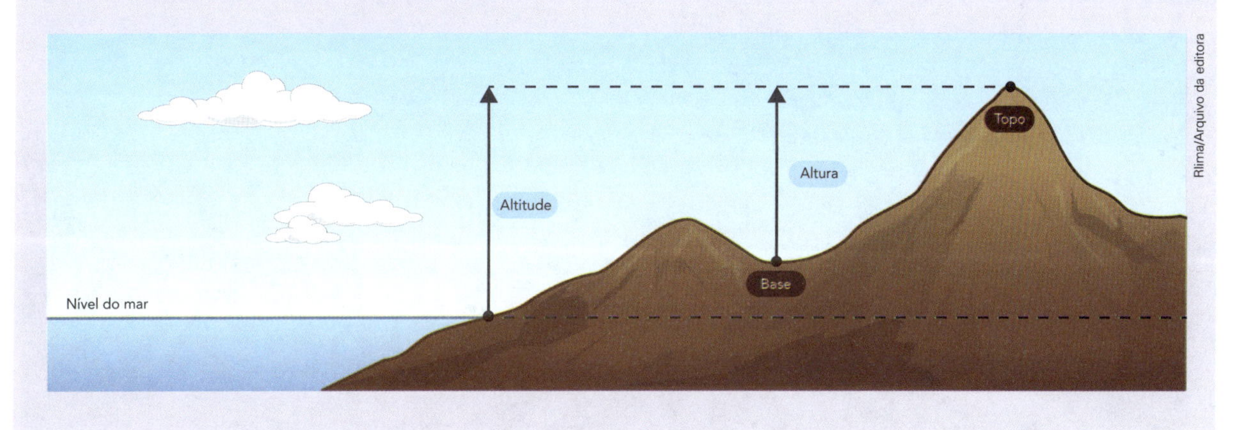

Chapada
Superfície elevada em relação às terras do seu entorno e com as laterais íngremes (às vezes, quase verticais). As chapadas possuem topo relativamente plano, podendo proporcionar boa visão da região em que se localizam.
Planície
Grande porção de terra relativamente plana. Ocorre, em geral, em baixas altitudes (menos de 100 metros acima do nível do mar). As planícies se formam com a deposição de pequenos fragmentos de rocha e solo que foram desgastados e transportados pela água das áreas mais elevadas do terreno.
Rlima/Arquivo da editora

Os seres humanos e o relevo

Para satisfazer suas necessidades, os seres humanos desenvolvem atividades que ocupam a superfície terrestre de diferentes maneiras. Observe nas imagens abaixo exemplos de como o ser humano se adapta às diferentes formas de relevo.

Tales Azzi/Pulsar Imagens

Rodovia dos Imigrantes, em Cubatão (SP), 2017. Essa rodovia foi construída na serra do Mar, área de morros e muitos rios.

Os seres humanos também podem transformar totalmente o relevo de uma área, como é possível observar nas fotos a seguir.

Arquivo/Agência *O Globo*

Eduardo Zappia/Pulsar Imagens

Praia do Flamengo, no Rio de Janeiro (RJ), antes e depois das obras que aumentaram a área de planície.

- Como a nova área de planície na praia do Flamengo foi ocupada?

Saiba mais

As 14 montanhas 8000

Esse é o nome dado pela Federação Internacional de Montanhistas e Escaladores (UIAA, na sigla em inglês) às montanhas mais altas do mundo, com mais de 8000 m de altitude. Entre os praticantes do esporte, escalar ao topo de todas as 14 é considerado um marco na carreira, alcançado pela primeira vez pelo italiano Reinhold Messner, entre 1970 e 1986 — sem o auxílio de um tanque de oxigênio. [...]

As 14 montanhas estão localizadas na região da cadeia montanhosa dos Himalaias, no sul da Ásia. [...]

Se compararmos com outros marcos de altitude, o Everest, por exemplo, corresponde a quase três vezes a altura do Pico da Neblina, o ponto mais alto do Brasil. [...]

AS 14 montanhas 8000. **Nexo Jornal**. Disponível em: <https://www.nexojornal.com.br/grafico/2019/01/09/As-montanhas-mais-altas-do-mundo.-E-o-sucesso-dos-escaladores>. Acesso em: 22 mar. 2019.

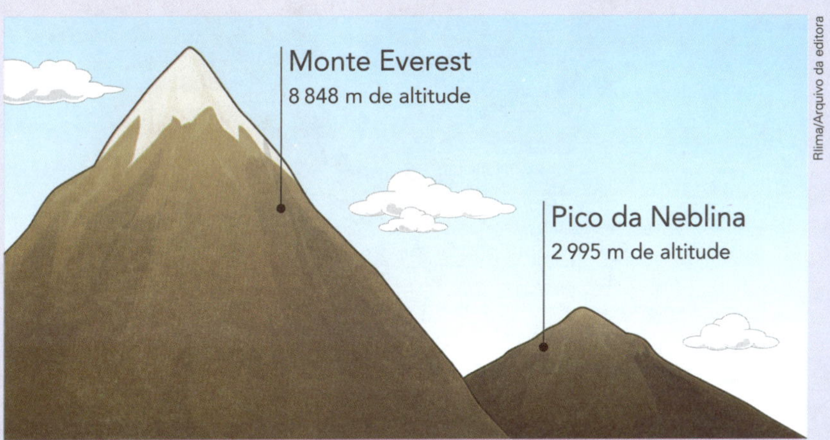

Monte Everest, na fronteira entre a China e o Nepal, na Ásia, 2017. Esse é o pico mais alto do mundo e faz parte da cordilheira do Himalaia.

Pico da Neblina, localizado na serra do Imeri (AM), 2014.

Atividades

1 Observe no mapa abaixo as altitudes do relevo do Brasil.

Brasil: altitudes

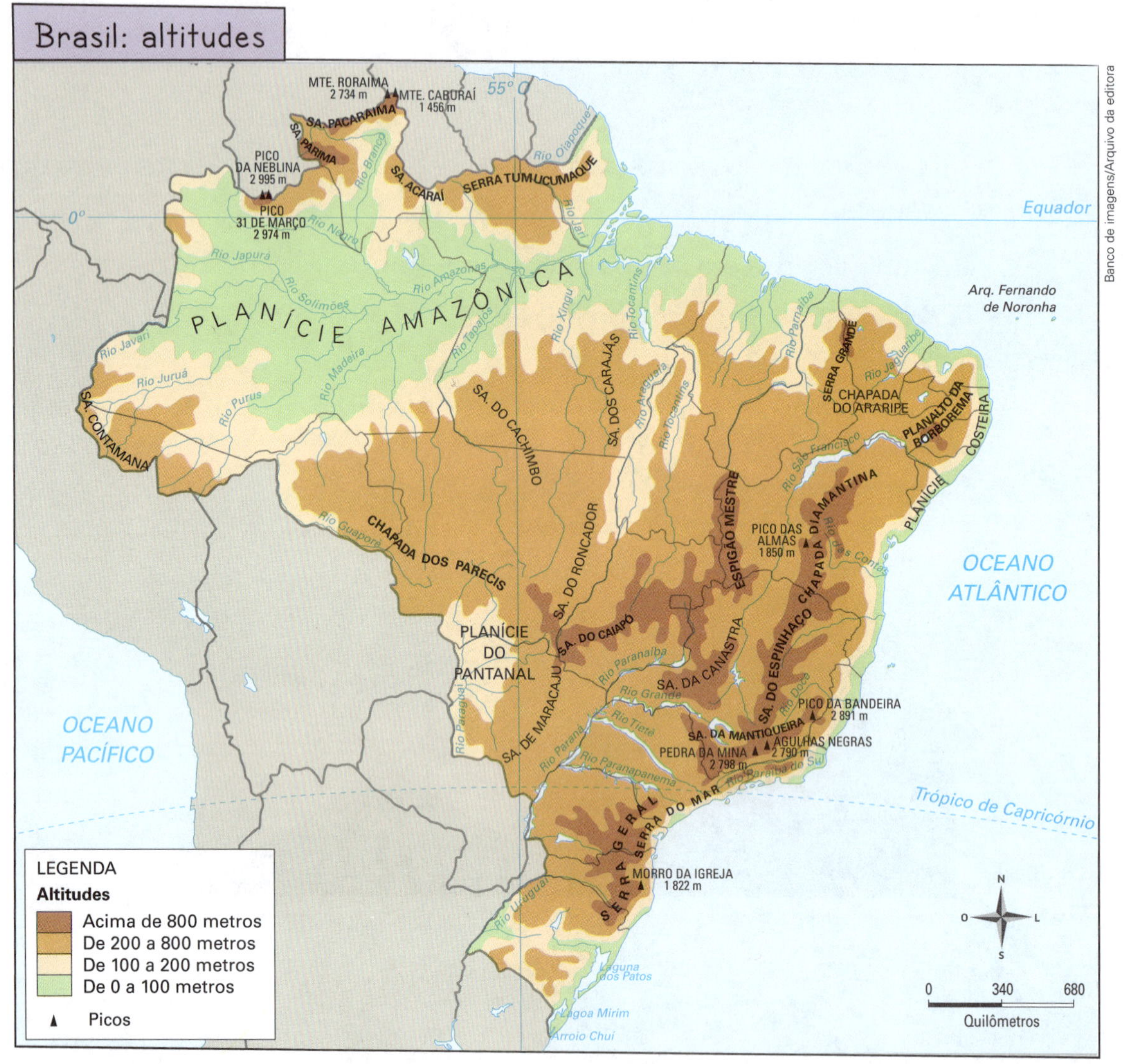

Fonte: elaborado com base em **Geoatlas**, de Maria Elena Simielli. 34. ed. São Paulo: Ática, 2013. p. 112.

- Agora responda às questões a seguir com base no mapa acima.

a) Em que região brasileira predominam as altitudes mais baixas?

....

b) Em que região predominam as altitudes elevadas do país?

....

2 Faça uma pesquisa para responder às questões a seguir.

a) Qual é o local que possui a maior altitude no município onde você mora? E no estado?

....

....

b) No município ou estado onde você mora existe alguma serra? Qual é o nome dela?

....

....

c) Que outra forma de relevo se destaca no município ou estado onde você mora?

....

....

3 Agora, desenhe no espaço abaixo uma forma de relevo que você descobriu ao fazer a pesquisa indicada na atividade anterior. Escreva ao lado do desenho o nome dela.

4 Faça as atividades das páginas 8 e 9 do **Caderno de mapas**.

10 A HIDROGRAFIA

A maior parte da superfície da Terra é coberta pelas águas que formam os oceanos, mares, lagos e rios.

Chamamos de **oceanos** as grandes extensões de água salgada da superfície terrestre e de **continentes** as grandes extensões de terras emersas.

Observe, no mapa abaixo, os oceanos e continentes do planeta Terra.

Oceanos e continentes (2016)

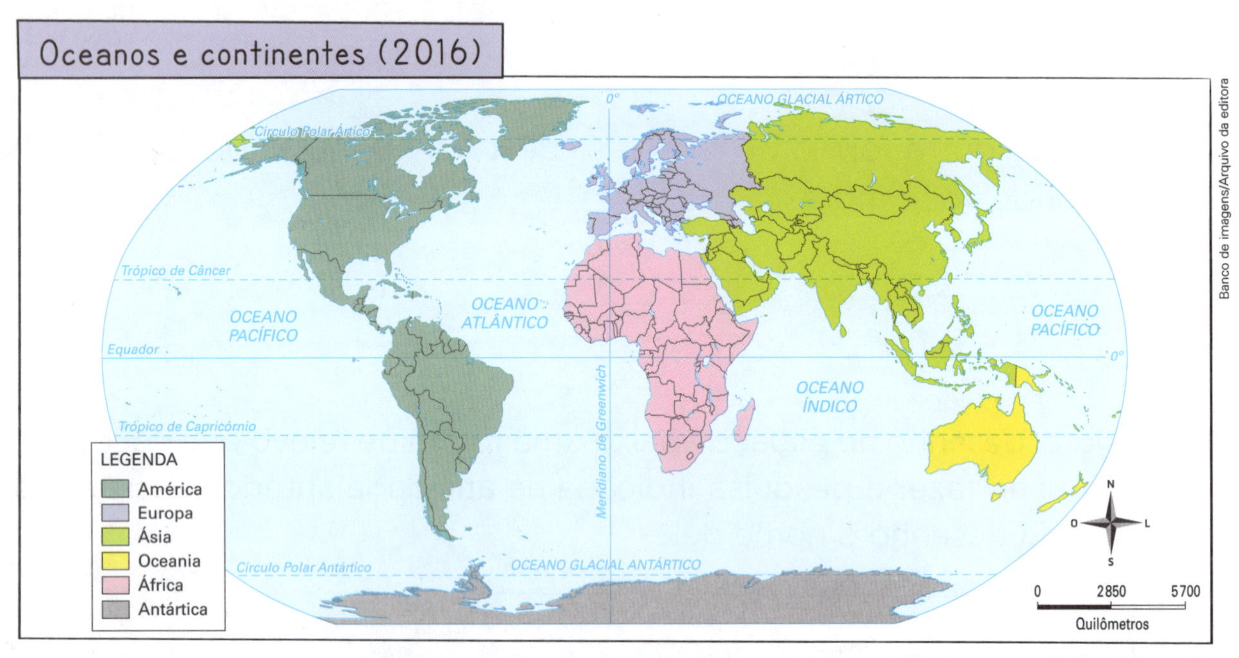

Fonte: elaborado com base em **Atlas geográfico escolar**. 6. ed. Rio de Janeiro: IBGE, 2016. p. 34.

A parte dos oceanos que banha os continentes chama-se **mar**. Os lugares banhados pelo mar são chamados **litoral**. O Brasil possui um extenso litoral.

Foto aérea da praia da Siribinha, em Conde (BA), 2018. A Bahia é o estado do Brasil que possui o litoral mais extenso.

Além da grande extensão de áreas banhadas pelo mar, o Brasil possui muitos rios, lagos, e grandes depósitos de água no subsolo, chamados **aquíferos**.

Rio é uma corrente de água doce que deságua no mar, em um lago ou em outro rio. Um rio que despeja suas águas em outro rio é chamado de **afluente**.

O rio é composto das seguintes partes: **nascente** (onde o rio nasce), **leito** (por onde o rio corre), **foz** (onde o rio despeja suas águas) e **margens** (terras que ladeiam o rio).

Foto aérea do rio Itariri, em Conde (BA), 2018.

Os rios são *habitat* naturais de milhares de espécies animais e vegetais. Os seres humanos utilizam os rios para navegação, pesca, produção de energia elétrica, abastecimento de água das cidades, **irrigação** de terras, entre outras atividades.

irrigação: ato de molhar, regar artificialmente a plantação, com distribuição adequada de água por todo o terreno.

Lago é uma porção de água continental cercada de terra. Quando o lago é pequeno e raso, é chamado lagoa.

Foto aérea da lagoa do Japonês, em Pindorama do Tocantins (TO), 2018.

A água consumida nas cidades

No dia a dia, consumimos a água doce que existe em rios, lagos e no subsolo. Essa água pode ser contaminada com os resíduos gerados pela atividade humana, como o lixo e o **esgoto**, que são lançados diariamente nos leitos dos rios. Dependendo do tipo e da quantidade de resíduos, o consumo dessa água poderá trazer sérios prejuízos à saúde dos seres humanos, além de comprometer a sobrevivência dos animais.

esgoto: água após ser utilizada em atividades humanas (em residências, comércios e fábricas), que tem suas características naturais alteradas.

Por esse motivo, antes de ser consumida, a água precisa passar por tratamento, para reduzir suas impurezas, principalmente as que são nocivas à saúde do ser humano.

A fim de ser tratada, a água é bombeada da represa para uma **estação de tratamento**. Ali ela passa por vários filtros e recebe várias substâncias que vão purificá-la, como o cloro. Depois, é mantida em reservatórios até ser distribuída nas cidades. Observe, na foto abaixo, uma estação de tratamento de água.

Delfim Martins/Pulsar Imagens

Estação de tratamento da água que é fornecida ao município de Cajazeiras (PB), 2019. Observe os tanques de tratamento de água com substâncias, que é feito em diferentes etapas.

Direito a água e esgoto tratados

Ter acesso a água potável e contar com serviço de tratamento de esgoto são direitos universais, ou seja, de todas as pessoas.

Mas isso ainda não é realidade para parte da população de muitos países, entre eles, o Brasil. Segundo dados do Ministério das Cidades, em 2018, 84% da população brasileira era atendida com abastecimento de água tratada (isso quer dizer que 16% não tinha acesso a água potável). Em relação à coleta de esgoto, 57% da população tinha acesso a ela, portanto, 43% da população brasileira não era atendida por esse serviço em 2018.

Mauricio Simonetti/Pulsar Imagens

Estação de tratamento de esgoto em Barra do Garças (MT), 2019. O esgoto tratado é despejado no rio Araguaia, à esquerda. Essa medida evita a poluição de suas águas.

Luciana Whitaker/Pulsar Imagens

Esgoto despejado a céu aberto, sem tratamento, no Complexo da Favela da Maré, no Rio de Janeiro (RJ), 2017.

Dados do Governo Federal mostram ainda que apenas 45% do esgoto coletado no país é tratado, ou seja, 55% de todo o esgoto coletado no país não recebe tratamento adequado, sendo despejado diretamente no ambiente, contaminando rios e mares, por exemplo.

Saiba mais

O rio São Francisco

[...] O São Francisco é parte da história de muitos brasileiros. As águas atravessam cinco estados: desde a nascente na cidade de São Roque de Minas, em Minas Gerais, passando pela Bahia, Sergipe, Pernambuco e Alagoas, até desaguar no oceano.

Ao todo são 2,9 mil quilômetros de extensão, tamanho suficiente para ser um dos mais importantes cursos de água do Brasil e da América do Sul. Já foi um rio com grande abundância de água, mas a ação humana tirou um pouco de brilho do Velho Chico.

A poluição do leito, o uso desenfreado do solo às margens do rio, a construção de barragens, o desmatamento no entorno e a urbanização contribuem para redução de **vazão** do rio. Trechos onde havia água em grande quantidade, agora estão diminuindo. [...]

vazão: volume de água que corre no leito.

O rio é responsável também pela sobrevivência de agricultores familiares e pescadores que vivem por toda a extensão das águas. É também usado por grandes empresários e produtores, principalmente para o cultivo de frutas.

Mas não pense que somente a população ribeirinha se beneficia do rio. As águas do São Francisco abastecem cerca de 13 milhões de pessoas, considerando os 168 afluentes e toda a extensão da bacia hidrográfica.

O rio já serviu como rota de navegação para escoamento de muitos produtos durante séculos de história, além de suas águas gerarem energia por meio das usinas hidrelétricas construídas no leito.

516 anos do rio São Francisco: relembre a importância do Velho Chico. **Minas faz Ciência Infantil.** Disponível em: <http://minasfazciencia.com.br/infantil/2017/10/04/aniversario-do-rio-sao-francisco-relembre-a-importancia-do-velho-chico/>. Acesso em: 25 mar. 2019.

Adriano Kirihara/Pulsar Imagens

Vista aérea do rio São Francisco, entre Petrolina (PE), ao fundo, e Juazeiro (BA), abaixo, em 2019. Esses municípios são grandes produtores de frutas, graças à irrigação feita com águas desse rio.

1 Pinte de azul e nomeie no mapa abaixo os oceanos do planeta Terra. Depois, escolha outra cor e pinte os continentes. Dê um título ao mapa.

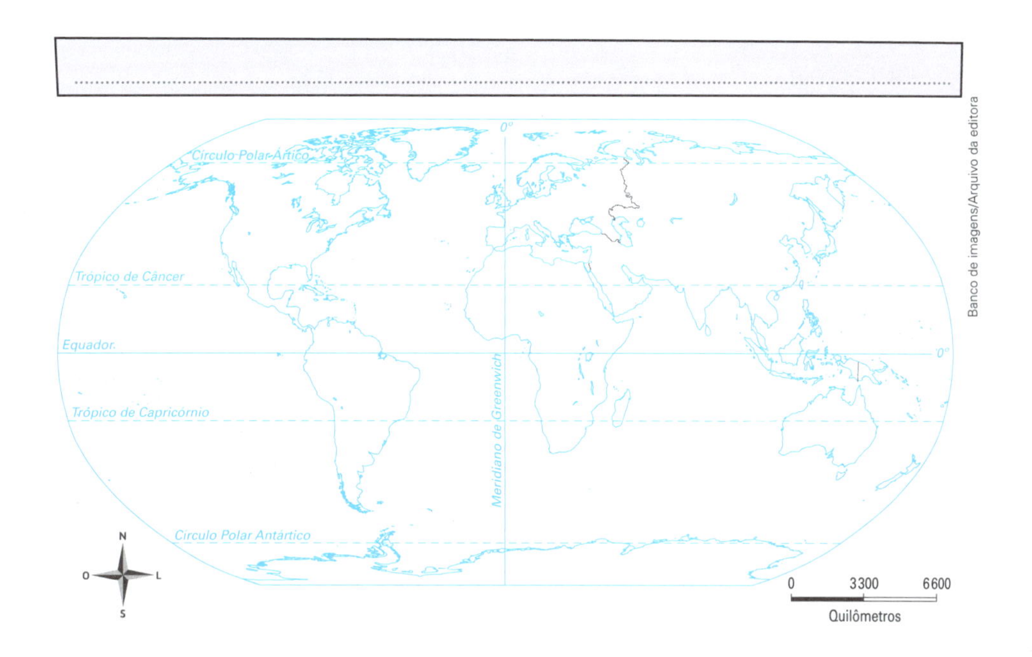

2 Enumere na ilustração abaixo as partes do rio, de acordo com o quadro.

1 - Nascente	**4 - Margem direita**
2 - Leito	**5 - Afluente**
3 - Margem esquerda	**6 - Foz**

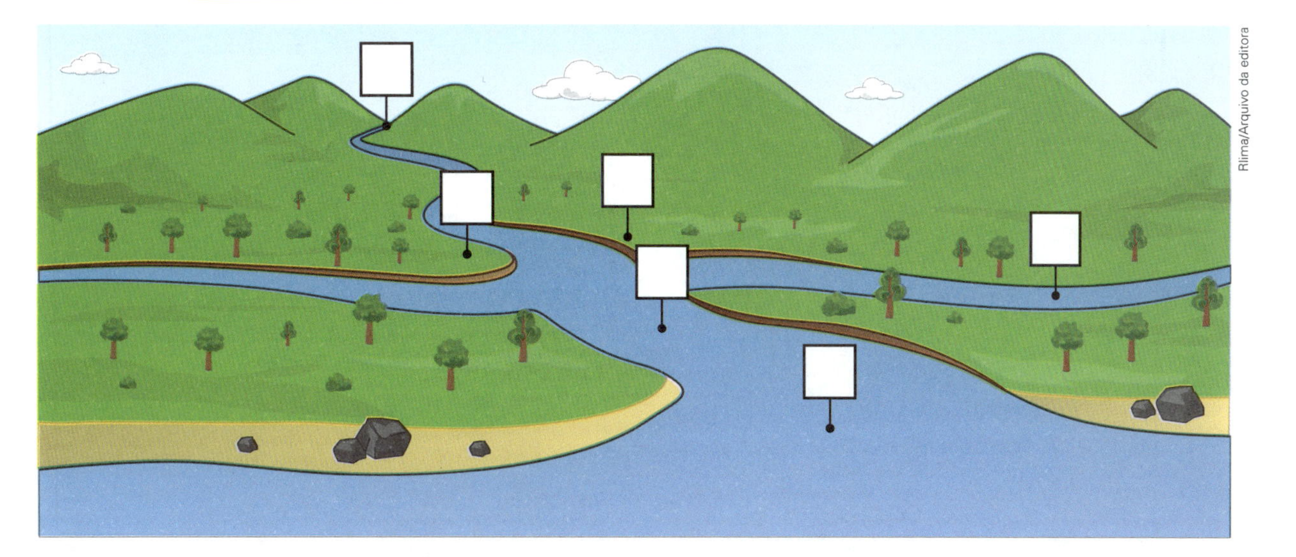

3 Escreva o nome do principal rio do município onde você mora ou de um rio importante do estado ou da região onde você vive.

....

4 Faça uma pesquisa em livros, revistas e na internet sobre o rio que você citou na atividade anterior e responda no caderno às questões a seguir.

a) Onde se localiza a nascente do rio?

b) O rio deságua no mar ou em outro rio?

c) Suas águas estão limpas ou poluídas?

d) Como estão as margens do rio? Estão cuidadas? Há lixo depositado nelas?

e) O que acontece com esse rio na época do ano em que chove pouco? E quando há muita chuva?

f) O rio é utilizado pela população? Como?

5 Faça no espaço abaixo um desenho do rio pesquisado.

6 Faça uma pesquisa sobre o abastecimento de água no município onde você mora, respondendo às perguntas a seguir.

a) Em seu município, há uma estação de tratamento da água que é distribuída para a população?

....

b) Qual é o nome da empresa responsável por esse trabalho?

....

c) Todas as residências recebem água tratada?

....

7 Leia o texto abaixo e depois responda às questões.

> Hepatite A, febre tifoide, cólera e leptospirose são algumas doenças que podem ser causadas pelo tratamento inadequado da água. É um problema sério de saúde pública que afeta grande parte dos brasileiros [...].
>
> A transmissão das doenças acontece quando alguma pessoa entra em contato com a água que não recebeu tratamentos de limpeza e de purificação, processos que eliminam os microrganismos. A contaminação pode acontecer por meio do contato direto com esgotos e enchentes, além da ingestão de água contaminada e da utilização dela para cozinhar ou lavar alimentos. [...]

Como evitar doenças causadas pela água contaminada. **Portal Tratamento de Água**. Disponível em: <https://www.tratamentodeagua.com.br/evitar-doencas-agua-contaminada/>. Acesso em: 26 mar. 2019.

a) De acordo com o texto, qual é a importância do tratamento da água consumida pelas pessoas?

....

....

....

b) Em grupo, façam uma pesquisa sobre as doenças citadas no texto e elaborem um cartaz com as informações obtidas.

- as formas de contágio;
- os sintomas;
- os tratamentos;
- as formas de prevenção.

11 O CLIMA

Para compreender o conceito de clima, é importante diferenciá-lo de tempo atmosférico. O **tempo atmosférico** é o estado do ar em determinado momento: se está calor, se chove ou se está ventando, por exemplo. O tempo pode variar em um mesmo dia, de um dia para outro, de uma estação do ano para outra e de um lugar para outro.

A sucessão das variações do tempo atmosférico em determinado local constitui o **clima** dessa região. Para compreender o clima de uma região é necessário estudar os tipos de tempo que ocorrem nesse local pelo menos por 30 anos. As características do clima de uma região dependem principalmente da variação da temperatura e da quantidade de chuva.

Diversos fatores determinam os diferentes tipos de clima da Terra. Eles ocorrem por influência de correntes marítimas, ventos, proximidade do mar, presença de vegetação e do relevo, além de serem determinados pela própria localização do lugar no planeta.

Outro fator que influencia o clima é a altitude. Em locais de serra e montanhas, por exemplo, o clima geralmente é mais frio do que em locais situados no nível do mar. Observe as fotos a seguir.

Luciano Queiroz/Pulsar Imagens

Gelo na estrada da serra de Urubici (SC), 2017. Nesse município, a altitude média é de 915 metros, sendo comum nevar no inverno, quando a temperatura atinge valores abaixo de zero.

Luciano Queiroz/Pulsar Imagens

Praia do Luz, em Imbituba (SC), 2018. Mesmo estando localizado no mesmo estado, esse município, situado no nível do mar, não apresenta temperaturas tão baixas como em Urubici.

As estações do ano

Você sabe como é o clima nas **estações do ano** no Brasil?

No Brasil, o verão costuma ser quente. Nessa época, em muitas localidades, é comum chover bastante. O inverno, por sua vez, é a estação em que geralmente faz mais frio. Em alguns locais, o frio é tão intenso que chega a nevar, como você observou na foto da página anterior. Há também no país locais onde faz calor o ano inteiro.

Paula Montenegro/Shutterstock

Hans von Manteuffel/Tyba

À esquerda, vista da praia de Boa Viagem, em Recife (PE), 2019, no verão; à direita, a mesma praia no inverno de 2016. Mesmo no inverno, as temperaturas nas capitais dos estados da região Nordeste são elevadas.

A primavera e o outono são estações em que o clima é mais ameno, ou seja, nem muito quente, nem muito frio, e a temperatura mantém-se estável (não se altera significativamente).

Adriano Kirihara/Pulsar Imagens

Ipê-roxo florido em Araguari (MG), 2018. Uma das características da primavera é o florescimento das plantas.

O clima e o cotidiano

A vida dos seres humanos, assim como a dos outros seres vivos, depende muito do clima.

Nos locais onde as chuvas são abundantes, desenvolve-se uma grande variedade de espécies vegetais e animais. Na região Norte do Brasil, por exemplo, onde a temperatura se mantém elevada e a chuva é bem distribuída o ano todo, há a presença de uma densa floresta, com grande **biodiversidade**. Observe a foto abaixo.

biodiversidade: conjunto de todas as espécies de seres vivos de um ecossistema.

Andre Dib/Pulsar Imagens

Trecho da Floresta Amazônica em Caracaraí (RR), 2019.

O clima também influencia as atividades dos seres humanos, como a agricultura, pois algumas plantas se desenvolvem melhor em regiões mais frias, outras em regiões mais quentes.

Nas regiões onde chove pouco, ou onde as chuvas ocorrem em apenas uma época do ano, os agricultores precisam realizar investimentos em irrigação, aproveitando a água dos rios, dos açudes, do subsolo ou armazenando a água nos períodos de chuva, para poder utilizá-la nos períodos de seca.

Ricardo Teles/Pulsar Imagens

Propriedade rural no sertão de Paratinga (BA), 2018. A cisterna é essa grande caixa que armazena a água da chuva captada do telhado das casas. Essa água, apesar de não ser potável, pode ser utilizada em atividades domésticas e na irrigação da plantação.

Saiba mais

Efeito estufa, aquecimento global e o clima da Terra

O **efeito estufa** é a capacidade que os gases da atmosfera têm de guardar o calor do Sol que aquece o ar próximo à superfície terrestre. Sem ele, a temperatura na superfície seria muito baixa. No entanto, os cientistas têm observado que a temperatura média da atmosfera próximo à superfície da Terra vem aumentando nos últimos anos. Esse fenômeno é chamado **aquecimento global** e é provocado pelo aumento da quantidade de gases responsáveis pela retenção de calor na atmosfera terrestre. Mas o que tem aumentado a concentração desses gases? Leia o texto a seguir.

Ilustra Cartoon/Arquivo da editora

[...] Todas as atividades humanas – especialmente o desmatamento, a queima de **combustíveis fósseis** (carvão, petróleo e derivados), a agropecuária, o desperdício de alimentos e a produção de energia elétrica – geram gases de efeito estufa (GEE) na atmosfera, que causam o aquecimento global e as alterações do clima no planeta. Esse fenômeno tem piorado por causa dos atuais padrões de produção e consumo. [...]

Não são só os governos e as empresas que devem se comprometer com a luta contra o aquecimento global. Cada um de nós pode rever seus hábitos de consumo como forma de combater as mudanças climáticas. Cada atitude, por mais simples que seja, conta – principalmente se servir de exemplo para outras pessoas e se for repetida ao longo do tempo. [...]

Dia do Meio Ambiente: 7 atitudes para combater o aquecimento global. **Akatu**. Disponível em: <www.akatu.org.br/noticia/dia-do-meio-ambiente-7-atitudes-para-combater-o-aquecimento-global/>. Acesso em: 13 maio 2019.

combustíveis fósseis: elementos naturais, como petróleo, carvão mineral e gás natural, utilizados como fonte de energia em veículos, indústrias e residências.

A previsão do tempo

A previsão do tempo atmosférico é importante no dia a dia das pessoas. Em alguns países em que os invernos são rigorosos, ela é tão importante para a segurança das pessoas que, em caso de queda brusca de temperatura e avisos de tempestades, as escolas cancelam as aulas.

Os **meteorologistas** são os profissionais que estudam os fenômenos da atmosfera e a previsão do tempo. Para isso utilizam conhecimentos de diversas áreas (como da Matemática) e equipamentos para coletar e processar informações, como computadores e imagens de satélite.

Ilustra Cartoon/Arquivo da editora

- Você acha que as previsões do tempo são úteis? Para quem e por quê?
- Sua família costuma consultar as previsões do tempo em jornais ou telejornais?
- Você se lembra de uma situação em que uma previsão tenha evitado problemas?

Agora, leia os **ditados populares** abaixo. Você conhece algum deles?

ditados populares: frases curtas, que transmitem uma ideia ou um comportamento e que fazem parte da cultura de um povo.

"Sapos na rua, sinal de chuva."

"Gaivotas em terra, tempestade no mar."

"Cabras tossindo e espirrando, o tempo está mudando."

"Asas abertas no galinheiro, sinal de aguaceiro."

Ilustra Cartoon/Arquivo da editora

- De acordo com os ditados populares da página anterior, como esses animais nos dão pistas da mudança do tempo?
- Você alguma vez observou esses animais nas situações descritas? Aconteceu realmente uma mudança no tempo?

Você já ouviu falar dos Profetas da Chuva?

Eles são pessoas, geralmente agricultores da região Nordeste do Brasil, que, usando técnicas baseadas na observação da natureza e conhecimentos tradicionais passados oralmente de geração em geração, realizam previsões do tempo. Desde 1996, o Encontro Anual dos Profetas da Chuva acontece na cidade de Quixadá, no Ceará, no segundo fim de semana de janeiro.

Cartaz de programação do Encontro dos Profetas da Chuva em Quixadá (CE), 2018.

- Na sua opinião, por que os encontros dos Profetas da Chuva ocorrem em uma cidade do Nordeste?
- Os Profetas da Chuva, assim como os meteorologistas, observam a natureza para prever o tempo. Qual é, na sua opinião, a diferença entre o trabalho deles?
- Você já conheceu alguma pessoa capaz de prever o tempo?
- Você seria capaz de prever se vai chover apenas observando o céu?

Atividades

1 Observe a seguir um mapa de previsão do tempo para as capitais do Brasil, publicado no dia 8 de maio de 2019. Depois, responda às questões.

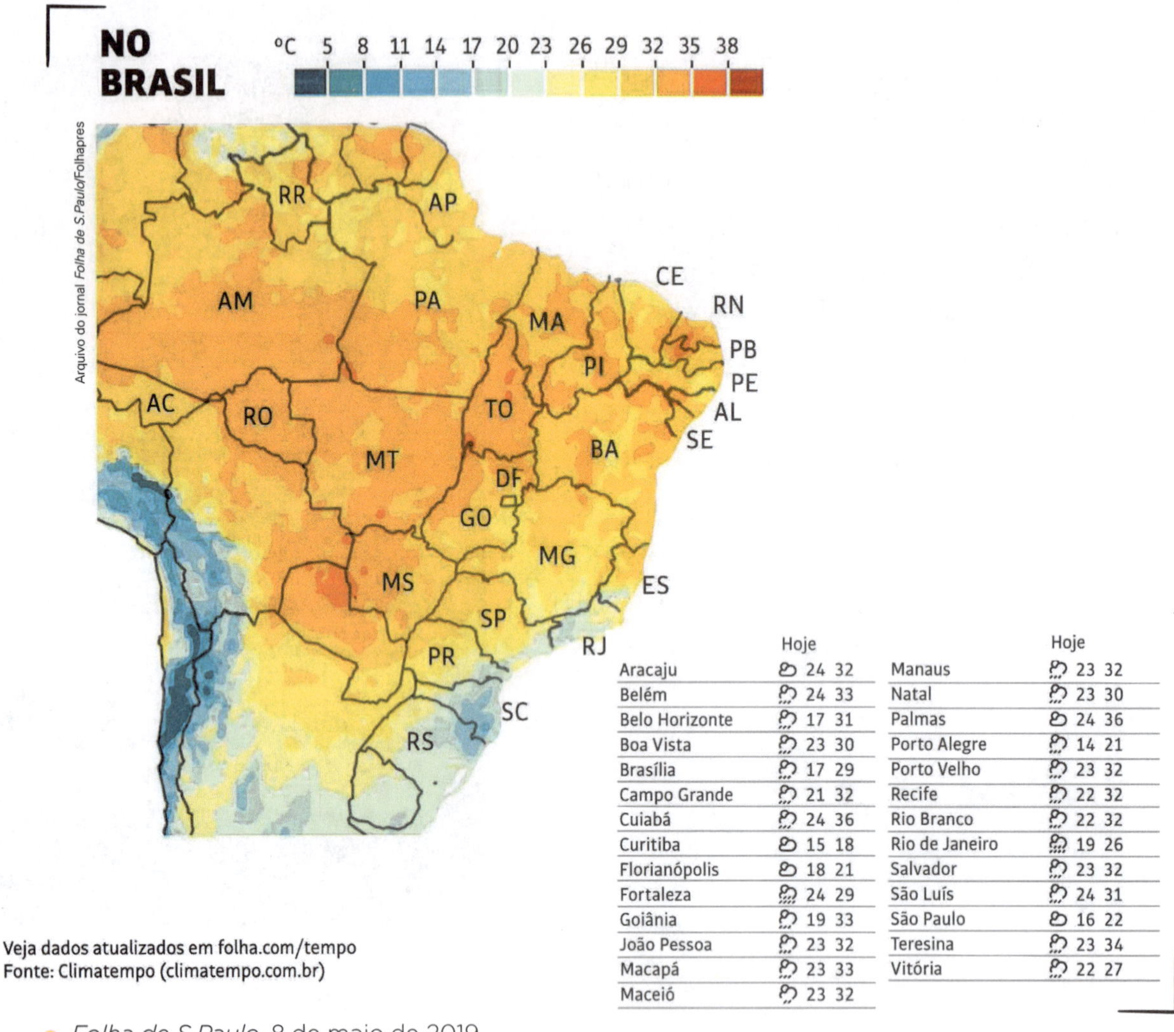

	Hoje	
Aracaju	24	32
Belém	24	33
Belo Horizonte	17	31
Boa Vista	23	30
Brasília	17	29
Campo Grande	21	32
Cuiabá	24	36
Curitiba	15	18
Florianópolis	18	21
Fortaleza	24	29
Goiânia	19	33
João Pessoa	23	32
Macapá	23	33
Maceió	23	32

	Hoje	
Manaus	23	32
Natal	23	30
Palmas	24	36
Porto Alegre	14	21
Porto Velho	23	32
Recife	22	32
Rio Branco	22	32
Rio de Janeiro	19	26
Salvador	23	32
São Luís	24	31
São Paulo	16	22
Teresina	23	34
Vitória	22	27

Veja dados atualizados em folha.com/tempo
Fonte: Climatempo (climatempo.com.br)

Folha de S.Paulo, 8 de maio de 2019.

a) Qual era a previsão do tempo nesse dia para a capital do estado onde você mora?

....

b) Qual capital apresentou a previsão de temperatura mais baixa? E a mais alta?

....

2 Leia a descrição dos tipos de clima que ocorrem no Brasil. Em seguida, observe no mapa como esses climas estão distribuídos no país.

Clima equatorial úmido: quente e chuvoso, varia pouco durante o ano. Temperaturas médias acima de 25 °C.

Clima equatorial semiúmido: semelhante ao equatorial úmido, porém menos chuvoso.

Clima semiárido: quente e seco. Chove muito pouco e ocorrem longos períodos de seca, em geral durando mais de oito meses. Temperaturas médias acima de 25 °C.

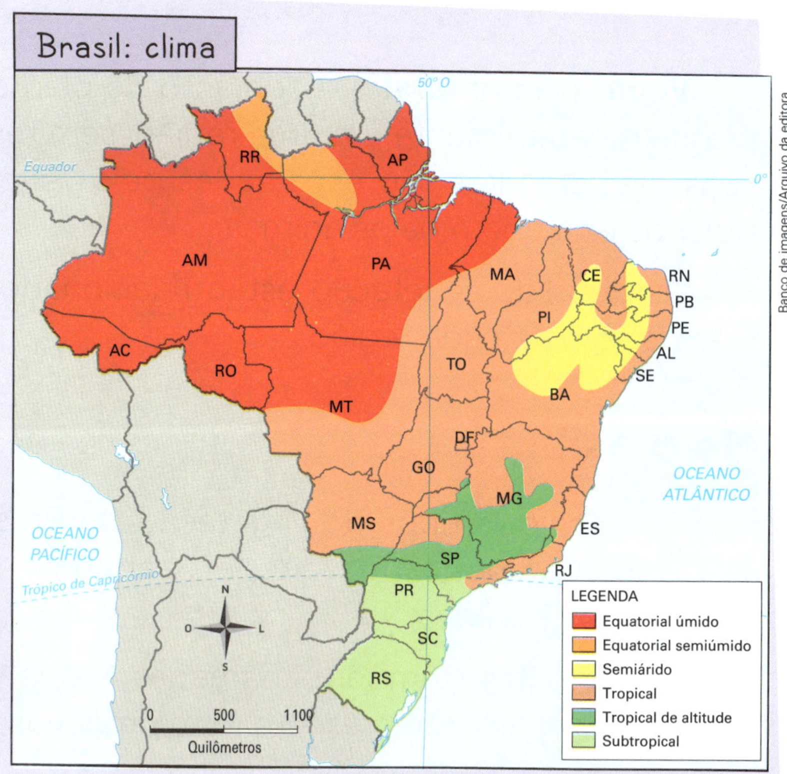

Fonte: elaborado com base em **Geografia do Brasil**, organizado por Jurandyr L. Sanches Ross. São Paulo: Edusp, 2009. p. 107.

Clima tropical: apresenta uma estação seca que dura de quatro a cinco meses ao ano (de abril a setembro). Temperatura média de 20 °C.

Clima tropical de altitude: semelhante ao tropical, porém, como ocorre em regiões de maior altitude, as temperaturas médias ficam abaixo de 20 °C.

Clima subtropical: temperaturas médias abaixo de 20 °C e chuvas bem distribuídas ao longo do ano.

- Agora, converse com os colegas e o professor sobre as questões abaixo.

a) No lugar onde você mora faz mais frio ou mais calor durante o ano? Chove muito ou chove pouco?

b) Segundo o mapa, qual é o clima predominante no seu estado?

c) Circule, no texto acima, a descrição do clima predominante em seu estado.

d) A resposta do item **a** é parecida com a descrição que você contornou no item **c**? Converse com os colegas e o professor.

12 A VEGETAÇÃO

Vegetação natural é o conjunto de plantas e árvores que nascem e crescem naturalmente em uma região, sem ter sido plantadas pelas pessoas. As sementes são espalhadas pelo vento, pela água das chuvas e dos rios e também pelos animais.

Os tipos de vegetação estão relacionados ao clima, ao relevo e ao tipo de solo de cada região.

No Brasil

Os principais tipos de vegetação do Brasil, atualmente, são as Florestas, os Campos, o Cerrado, a Caatinga, a Vegetação Pantaneira e a Vegetação Litorânea.

As **Florestas** (também chamadas Matas) são formadas por árvores altas, que geralmente crescem bem próximas umas das outras.

A **Floresta Amazônica** é uma das mais importantes do mundo, pela sua extensão e porque abriga enorme variedade de espécies de plantas e de animais. Ela depende do calor e das chuvas constantes, e sua existência está associada aos rios da região. Parte dessa Floresta é frequentemente inundada pelas águas desses rios. Nas partes não inundadas fica a mata de terra firme, onde estão as árvores mais altas, com mais de 50 metros de altura.

Andre Dib/Pulsar Imagens

Vegetação da Floresta Amazônica à beira do rio Caeté, em Sena Madureira (AC), 2018. Na foto é possível observar parte da Floresta que é inundada pelas águas do rio, chamada Mata de Igapó.

A **Mata Atlântica**, assim como a Floresta Amazônica, apresenta grande biodiversidade, mas está ameaçada pela urbanização. Segundo o IBGE, quase 60% da população vive em cidades próximas à região da Mata.

Mata Atlântica, no Parque Estadual da Serra do Mar, em São Sebastião (SP), 2018.

Tales Azzi/Pulsar Imagens

Em 1500, a Mata Atlântica estendia-se por áreas de todo o litoral do território brasileiro. Mas ela foi sendo devastada pelas atividades humanas e hoje ocorre em áreas isoladas, como nas serras do Mar e da Mantiqueira, na região Sudeste do Brasil.

A **Mata de Araucárias**, ou **Mata dos Pinhais**, ocorre principalmente no Sul do Brasil, onde há chuvas bem distribuídas ao longo do ano e as temperaturas são mais baixas.

Como o próprio nome diz, nesse tipo de vegetação predominam as araucárias, árvores grandes que chegam a 50 metros de altura, com folhas estreitas e duras que crescem em galhos bem abertos. Sua semente, o pinhão, é comestível.

Por ocorrer em solo muito fértil (a terra roxa), essas áreas foram sendo desmatadas e utilizadas para a agricultura, e atualmente a Mata de Araucárias está preservada apenas em pequenas áreas.

Andre Dib/Pulsar Imagens

Zé Paiva/Pulsar Imagens

Pinhão

Mata de Araucárias, em Rio Fortuna (SC), 2019.

Andre Dib/Pulsar Imagens

Mata dos Cocais em Cajueiro da Praia (PI), 2015. Na foto é possível observar palmeiras de carnaúba.

A **Mata dos Cocais** é constituída de palmeiras, com predominância do babaçu e, em menor ocorrência, da carnaúba, dos quais são extraídas matérias-primas para a produção de óleo, cera, sabão e fibras, por exemplo. Ocorre principalmente nos estados do Maranhão e Piauí.

Campos, ou **Pampas**, é um tipo de vegetação formada principalmente por plantas rasteiras, como o capim e a grama. Às vezes, aparecem algumas árvores isoladas perto de rios ou riachos. Trata-se de uma vegetação típica do Sul do Brasil, que se desenvolve em áreas planas.

Atualmente, grande parte dos Campos originais foi substituída por plantações ou pastagens. É preciso atenção para distinguir os Campos naturais daqueles que foram plantados depois da derrubada da mata original, para servir de pasto para o gado das fazendas.

Gerson Gerloff/Pulsar Imagens

Campos nativos do Pampa Gaúcho, em São Borja (RS), 2017.

Chico Ferreira/Pulsar Imagens

Cerrado em Poconé (MT), 2018.

O **Cerrado** é formado por campos, arbustos e árvores baixas, de tronco retorcido e casca grossa, que crescem afastadas umas das outras. Em algumas áreas, a vegetação pode se tornar mais densa, com aspecto semelhante ao de uma Floresta. O Cerrado ocupa extensas áreas da região central do Brasil e contribui para a proteção dos recursos hídricos (rios, córregos e águas do subsolo), abundantes nessa região.

Há grandes áreas de Cerrado ameaçadas pela expansão da agricultura e da pecuária.

A **Caatinga** ocorre na região de clima semiárido do Brasil. É formada de arbustos e pequenas árvores, em geral com folhas pequenas e espinhosas, que ajudam as plantas a reter melhor a água necessária para sua sobrevivência nos períodos de seca.

Há também algumas espécies de plantas que armazenam água em seu interior e são usadas como alimento pelos animais dessas regiões, servindo em épocas mais secas como seu único meio de sustento.

Os galhos secos e as poucas folhas (que as plantas perdem durante a longa estação seca) são próprios dessa região, onde quase não chove.

Tales Azzi/Pulsar Imagens

Vegetação de Caatinga no período de chuva, em Carnaúba dos Dantas (RN), 2018. Na foto é possível observar cactos xique-xique, característicos dessa vegetação.

A **Vegetação do Pantanal**, ou **Vegetação Pantaneira**, é constituída por diversas formações vegetais (Campos, Cerrado e Floresta). Ocorre exclusivamente na planície do Pantanal, localizada na região Centro-Oeste do Brasil. Por três meses do ano, na estação das chuvas, a maior parte das terras permanece coberta pela água que transborda dos rios.

Nela vivem inúmeras espécies de animais. Atualmente a área vem sendo afetada pela criação de gado, pela exploração mineral e pela contaminação por agrotóxicos utilizados na agricultura.

Luciano Queiroz/Pulsar Imagens

Foto aérea do Pantanal em Nhecolândia (MS), 2018. Observe a área alagada ao centro.

A **Vegetação Litorânea** brasileira é composta de Restingas e Manguezais (ou Mangues).

As **Restingas** são um tipo de vegetação formado por gramíneas, arbustos e pequenas árvores adaptadas ao solo arenoso. Elas foram quase totalmente destruídas pela ocupação humana, mas ainda existem áreas preservadas, algumas utilizadas para estudo.

Tales Azzi/Pulsar Imagens

Vegetação de Restinga na praia da Baleia, em Anchieta (ES), 2018.

Os **Manguezais** podem ser encontrados em vários trechos do litoral brasileiro. Esse tipo de vegetação se desenvolve na beira de rios, em áreas que são inundadas pela maré, onde há solos lodosos com aspecto de lama mole e escura.

São importantes para o ambiente, porque neles se abrigam e se reproduzem diversos animais marinhos, o que garante vida a uma grande diversidade de espécies animais.

Hans Von Manteuffel/Pulsar Imagens

Vegetação de Mangue de rio em Barra de Camaratuba (PB), 2018. As raízes aéreas são adaptações da planta à inundação, permitindo sua respiração mesmo quando a maré sobe.

A importância da vegetação

A vegetação, independentemente de suas características, é muito importante para a reprodução da vida animal e também para a preservação dos solos, pois evita a erosão, especialmente às margens dos rios.

No entanto, o desmatamento para extração de madeira, as queimadas e a transformação das áreas com vegetação em pastagens e áreas agrícolas, assim como a destruição de Mangues e Restingas principalmente pela ocupação urbana, vêm alterando completamente as paisagens naturais no Brasil.

Ismar Ingber/Pulsar Imagens

A conscientização sobre a importância dos diferentes tipos de vegetação para a preservação da vida na Terra e uma mudança radical de atitude por parte do ser humano são medidas necessárias para a manutenção do equilíbrio do planeta em que vivemos.

Turistas caminham no Parque Nacional de Aparados da Serra, em Cambará do Sul (RS), 2018. Os parques nacionais foram criados para conservar a fauna e a flora, sendo permitidos a pesquisa e o turismo ecológico.

1 Observe os mapas abaixo.

1 Brasil: vegetação natural

Banco de imagens/Arquivo da editora

Fonte: elaborado com base em **Geoatlas**, de Maria Elena Simielli. 34. ed. São Paulo: Ática, 2013. p. 120.

2 Brasil: vegetação atual

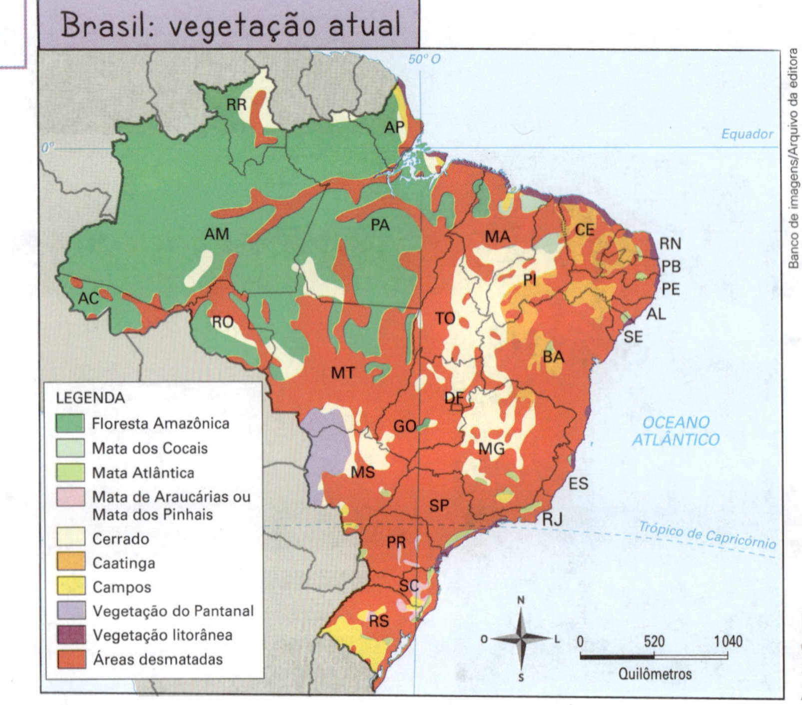

Banco de imagens/Arquivo da editora

Fonte: elaborado com base em **Geoatlas**, de Maria Elena Simielli. 34. ed. São Paulo: Ática, 2013. p. 121.

- Agora, responda às questões.

a) Com base no mapa 1, descreva a distribuição da vegetação natural do Brasil, apontando as regiões de maior ocorrência.

....

....

....

....

....

b) Comparando os dois mapas da página anterior, o que ocorreu com a vegetação natural do Brasil ao longo do tempo?

....

....

c) Qual tipo de vegetação natural ocupava a maior área no território brasileiro? Qual é a situação dela atualmente: ela se encontra conservada ou muito desmatada?

....

....

d) Quais tipos de vegetação foram mais desmatados?

....

....

e) Qual vegetação natural predominava no estado onde você mora? Ela se encontra conservada ou a maior parte foi desmatada?

....

....

f) Depois de responder ao item anterior, faça uma pesquisa para descobrir os motivos de ela estar conservada ou ter sido desmatada. Escreva no caderno suas conclusões.

2 Faça as atividades das páginas 10 e 11 do **Caderno de mapas**.

13 MUDANÇAS NA PAISAGEM

Observe nas fotos abaixo algumas paisagens do Brasil.

Gerson Gerloff/Pulsar Imagens

Paisagem do cânion do Monte Negro, em São José dos Ausentes (RS), 2019.

Cassiohabib/Shutterstock

Paisagem da cidade de Salvador (BA), 2019.

- Você percebe a interferência humana nas paisagens acima?

As paisagens podem apresentar diferentes intensidades de transformação humana. Em algumas, predominam os **elementos naturais**; em outras, são os **elementos construídos** pelos seres humanos que se destacam.

Conforme estudamos, o relevo, as águas e a vegetação são alguns elementos naturais que podemos observar nas paisagens. Já os elementos construídos resultam das atividades dos seres humanos, que transformam a natureza e utilizam seus elementos como recursos.

A ação humana na paisagem

O ser humano modifica a paisagem de acordo com suas necessidades. Ele constrói casas, prédios e fábricas; avenidas, viadutos, túneis e pontes; barragens para represar as águas dos rios; canais de irrigação para levar a água de um local para outro; aterros em praias para conseguir ocupar novas áreas.

Além disso, o ser humano:

- constrói usinas hidrelétricas aproveitando as quedas-d'água dos rios;

Gerson Gerloff/Pulsar Imagens

Usina Hidrelétrica de Itaúba, no rio Jacuí, em Itaúba (RS), 2018.

- retira minérios do solo;

Delfim Martins/Pulsar Imagens

Extração de mármore em São José do Seridó (RN), 2019.

- faz plantações para obter alimentos e matérias-primas, entre outras alterações.

Delfim Martins/Pulsar Imagens

Plantação de bananas com sistema de irrigação em Mossoró (RN), 2019. Mossoró localiza-se na região de clima semiárido. No entanto, a irrigação de plantações possibilita o cultivo de espécies de clima tropical.

As consequências da ação humana

Muitas vezes, as modificações que o ser humano faz nas paisagens trazem prejuízos à natureza e afetam o desenvolvimento da região.

A derrubada de árvores sem que haja **reflorestamento** e a poluição de rios e mares são exemplos de ações humanas que podem trazer sérias consequências para o ambiente, prejudicando os seres humanos.

reflorestamento: plantio de árvores em áreas que foram desmatadas.

Ricardo Teles/Pulsar Imagens

Plantação de soja em Belterra (PA), 2019. Ao fundo, vegetação original da Floresta Amazônica.

Chico Ferreira/Pulsar Imagens

Poluição na praia da Ilha do Fundão, no Rio de Janeiro (RJ), 2016. O lixo jogado no mar volta para a praia com as marés.

A ação dos fenômenos naturais

Além dos seres humanos, a água da chuva, dos rios, dos mares e o vento também provocam modificações nas paisagens. No entanto, não conseguimos perceber muitas dessas transformações porque elas ocorrem bem lentamente, ao longo de milhões de anos.

A água das chuvas modifica o relevo, como você já estudou. Ela desgasta os terrenos mais elevados, deixando-os mais baixos, e leva pedaços de rocha e solo para outras áreas, transformando as paisagens tanto dos locais de origem desse material como de onde ele se depositou.

O vento também age esculpindo as rochas e transportando materiais de um local para outro, principalmente onde não há vegetação. Observe as fotos.

Sun_Shine/Shutterstock

Oásis de Farafra, no Egito, 2018. A ação do vento esculpiu essas rochas.

Zé Paiva/Pulsar Imagens

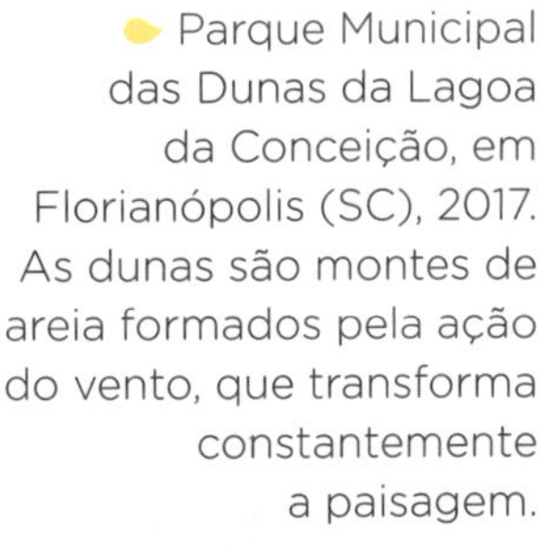

Parque Municipal das Dunas da Lagoa da Conceição, em Florianópolis (SC), 2017. As dunas são montes de areia formados pela ação do vento, que transforma constantemente a paisagem.

Delfim Martins/Pulsar Imagens

A água do mar, ao bater por um tempo em determinado terreno, também retira dele materiais, como solo e areia, e os leva para outros locais.

Desgaste do relevo causado pela ação da água do mar nas falésias de Beberibe (CE), 2018.

Atividades

1 Observe as fotos abaixo, que retratam o mesmo local em épocas diferentes. Depois, responda às questões a seguir.

Lopes/Coleção particular

Praia no Rio de Janeiro (RJ), no início do século XX.

Maarten Zeehandelaar/Shutterstock

O mesmo local em 2019.

a) Que mudanças você observa ao comparar as fotos?

b) O que existia na paisagem no início do século XX que permanece em 2019?

c) Quais são os elementos que caracterizam a ação humana nas duas fotos?

2  Faça uma pesquisa sobre as transformações do bairro onde você mora.

a) Entreviste uma pessoa que vive há bastante tempo no bairro onde você mora para saber como era a paisagem antigamente. Procure descobrir:

- se havia vegetação natural em alguma área;
- se aumentou o número de moradores;
- se foram erguidas muitas construções;
- se foram construídas mais casas ou prédios residenciais ou comerciais;
- se foram construídas ruas, avenidas, pontes ou viadutos;
- se, na opinião da pessoa entrevistada, as modificações feitas na paisagem foram boas ou ruins para a população e para a natureza.

b) Registre as respostas no caderno. Depois, em sala de aula, leia seu registro para os colegas e verifique se os relatos coletados são semelhantes ou diferentes.

Maquete de relevo

Nesta Unidade, você estudou diferentes formas de relevo. Agora, reúna-se com os colegas para representar uma delas em uma maquete.

Material necessário

- argila ou massa de modelar
- uma prancha de isopor de 50 cm × 50 cm
- tinta guache ou plástica
- pincel
- papel crepom verde
- palito
- cola

Ilustra Cartoon/Arquivo da editora

Como fazer

1 Revejam as ilustrações das páginas 234 e 235 para utilizar como referência para a maquete que vocês vão criar.

2 Moldem a argila sobre a prancha de isopor, para obter a forma de relevo escolhida. Retomem o que foi estudado nesta Unidade sobre suas características. Procurem representar também o curso de um rio.

3 Deixem a massa secar, para depois colorir o rio e o solo.

4 Utilizem palitos e papel crepom para representar a vegetação.

5 Depois de prontos, organizem uma exposição dos trabalhos.

Fernando Favoretto/Criar Imagem

Maquete de relevo feita por crianças em escola de São Paulo (SP), 2016.

Fernando Favoretto/Criar Imagem

Maquete de relevo feita por crianças em escola de São Paulo (SP), 2016.

BIBLIOGRAFIA

ALLAN, Luciana. *Escola.com*: como as novas tecnologias estão transformando a educação na prática. Barueri: Figurati, 2015.

ALMEIDA, R. D. (Org.). *Cartografia escolar*. São Paulo: Contexto, 2014.

ALMEIDA, T. T. de O. *Jogos e brincadeiras no Ensino Infantil e Fundamental*. São Paulo: Cortez, 2005.

BANNELL, Ralph Ings et al. *Educação no século XXI*: cognição, tecnologias e aprendizagens. Petrópolis: Vozes; Rio de Janeiro: Editora PUC, 2016.

BITTENCOURT, C. (Org.). *O saber histórico na sala de aula*. São Paulo: Contexto, 2006.

BORGES, Dâmaris Simon Camelo; MARTURANO, Edna Maria. *Alfabetização em valores humanos* — um método para o ensino de habilidades sociais. São Paulo: Summus, 2012.

BOSCHI, Caio César. *Por que estudar História?* São Paulo: Ática, 2007.

BRASIL. Ministério da Educação. Secretaria de Educação Básica. Fundo Nacional de Desenvolvimento da Educação. *Ensino Fundamental de nove anos*: orientações para a inclusão da criança de seis anos de idade. Brasília: SEB/FNDE, 2006.

_______. Ministério da Educação. Secretaria de Educação Fundamental. Base Nacional Comum Curricular (BNCC), Brasília, 2017.

_______. Ministério da Educação. Secretaria de Educação Fundamental. *Parâmetros Curriculares Nacionais*: Temas Transversais: Apresentação, Ética, Pluralidade Cultural, Orientação Sexual. Brasília, 1997.

BUENO, E. *A viagem do descobrimento*: a verdadeira história da expedição de Cabral. Rio de Janeiro: Objetiva, 1998.

CALDEIRA, J. et al. *Viagem pela história do Brasil*. São Paulo: Companhia das Letras, 1997.

CAPRA, F. et al. *Alfabetização ecológica*: a educação das crianças para um mundo sustentável. Tradução de Carmen Fischer. São Paulo: Cultrix, 2006.

CARVALHO, Anna Maria Pessoa de (Org.). *Formação continuada de professores*: uma releitura das áreas do cotidiano. São Paulo: Cengage, 2017.

CASCUDO, L. da C. *Made in Africa*. São Paulo: Global, 2002.

COHEN, Elizabeth G.; LOTAN, Rachel A. *Planejando o trabalho em grupo*: estratégias para salas de aula heterogêneas. Tradução de Luís Fernando Marques Dorvillé, Mila Molina Carneiro, Paula Márcia Schmaltz Ferreira Rozin. Porto Alegre: Penso, 2017.

COLL, C.; TEBEROSKY, A. *Aprendendo História e Geografia*. São Paulo: Ática, 2000.

CURRIE, Karen Lois; CARVALHO, Sheila Elizabeth Currie de. *Nutrição*: interdisciplinaridade na prática. Campinas: Papirus, 2017.

DEBUS, Eliane. *A temática da cultura africana e afro-brasileira na literatura para crianças e jovens*. São Paulo: Cortez/Centro de Ciências da Educação, 2017.

DEMO, Pedro. *Habilidades e competências no século XXI*. Porto Alegre: Mediação, 2010.

DOW, K.; DOWNING, T. E. *O atlas da mudança climática*: o mapeamento completo do maior desafio do planeta. Tradução de Vera Caputo. São Paulo: Publifolha, 2007.

DUDENEY, Gavin; HOCKLY, Nicky; PEGRUM, Mark. *Letramentos digitais*. Tradução de Marcos Marciolino. São Paulo: Parábola Editorial, 2016.

FICO, Carlos. *História do Brasil contemporâneo*. São Paulo: Contexto, 2016.

FILIZOLA, R.; KOZEL, S. *Didática de Geografia*: memória da Terra — o espaço vivido. São Paulo: FTD, 1996.

GARDNER, H. *Mentes que mudam*: a arte e a ciência de mudar as nossas ideias e as dos outros. Tradução de Maria Adriana Veronese. Porto Alegre: Artmed, 2005.

GOULART, I. B. *Piaget*: experiências básicas para utilização pelo professor. Petrópolis: Vozes, 2003.

GUZZO, V. *A formação do sujeito autônomo*: uma proposta da escola cidadã. Caxias do Sul: Educs, 2004. (Educare).

KARNAL, L. *História na sala de aula*: conceitos, práticas e propostas. 5. ed. São Paulo: Contexto, 2007.

KRAEMER, L. *Quando brincar é aprender*. São Paulo: Loyola, 2007.

LA TAILLE, Yves de. *Limites*: três dimensões educacionais. São Paulo: Ática, 2000.

LUCKESI, C. C. *Avaliação da aprendizagem escolar*: estudos e proposições. 22. ed. São Paulo: Cortez, 2011.

MARZANO, R. J.; PICKERING, D. J.; POLLOCK, J. E. *O ensino que funciona*: estratégias baseadas em evidências para melhorar o desempenho dos alunos. Tradução de Magda Lopes. Porto Alegre: Artmed, 2008.

MATTOS, Regiane Augusto de. *História e cultura afro-brasileira*. São Paulo: Contexto, 2016.

MEIRELLES FILHO, J. C. *O livro de ouro da Amazônia*: mitos e verdades sobre a região mais cobiçada do planeta. Rio de Janeiro: Ediouro, 2004.

MELATTI, Julio Cezar. *Índios do Brasil*. São Paulo: Edusp, 2014.

MESGRAVIS, Laima. *História do Brasil colônia*. São Paulo: Contexto, 2017.

OLIVEIRA, Gislene de Campos. *Avaliação psicomotora à luz da psicologia e da psicopedagogia*. Petrópolis: Vozes, 2014.

PAGNONCELLI, Cláudia; MALANCHEN, Julia; MATOS, Neide da Silveira Duarte de. O *trabalho pedagógico nas disciplinas escolares*: contribuições a partir dos fundamentos da pedagogia histórico-crítica. Campinas: Armazém do Ipê, 2016.

PENTEADO, H. D. *Metodologia do ensino de História e Geografia*. São Paulo: Cortez, 2011.

PETTER, M.; FIORIN, J. L. (Org.). *África no Brasil*: a formação da língua portuguesa. São Paulo: Contexto, 2008.

SCHILLER, P.; ROSSANO, J. *Ensinar e aprender brincando*: mais de 750 atividades para Educação Infantil. Tradução de Ronaldo Cataldo Costa. Porto Alegre: Artmed, 2008.

SCHMIDT, M. A.; CAINELLI, M. *Ensinar História*. São Paulo: Scipione, 2004.

SILVA, A. da C. E. *Um rio chamado Atlântico*: a África no Brasil e o Brasil na África. Rio de Janeiro: Nova Fronteira/Ed. da UFRJ, 2003.

SILVA, J. F. da; HOFFMANN, J.; ESTEBAN, M. T. (Org.). *Práticas avaliativas e aprendizagens significativas*: em diferentes áreas do currículo. Porto Alegre: Mediação, 2003.

VERÍSSIMO, F. S. et al. *Vida urbana*: a evolução do cotidiano da cidade brasileira. Rio de Janeiro: Ediouro, 2001.

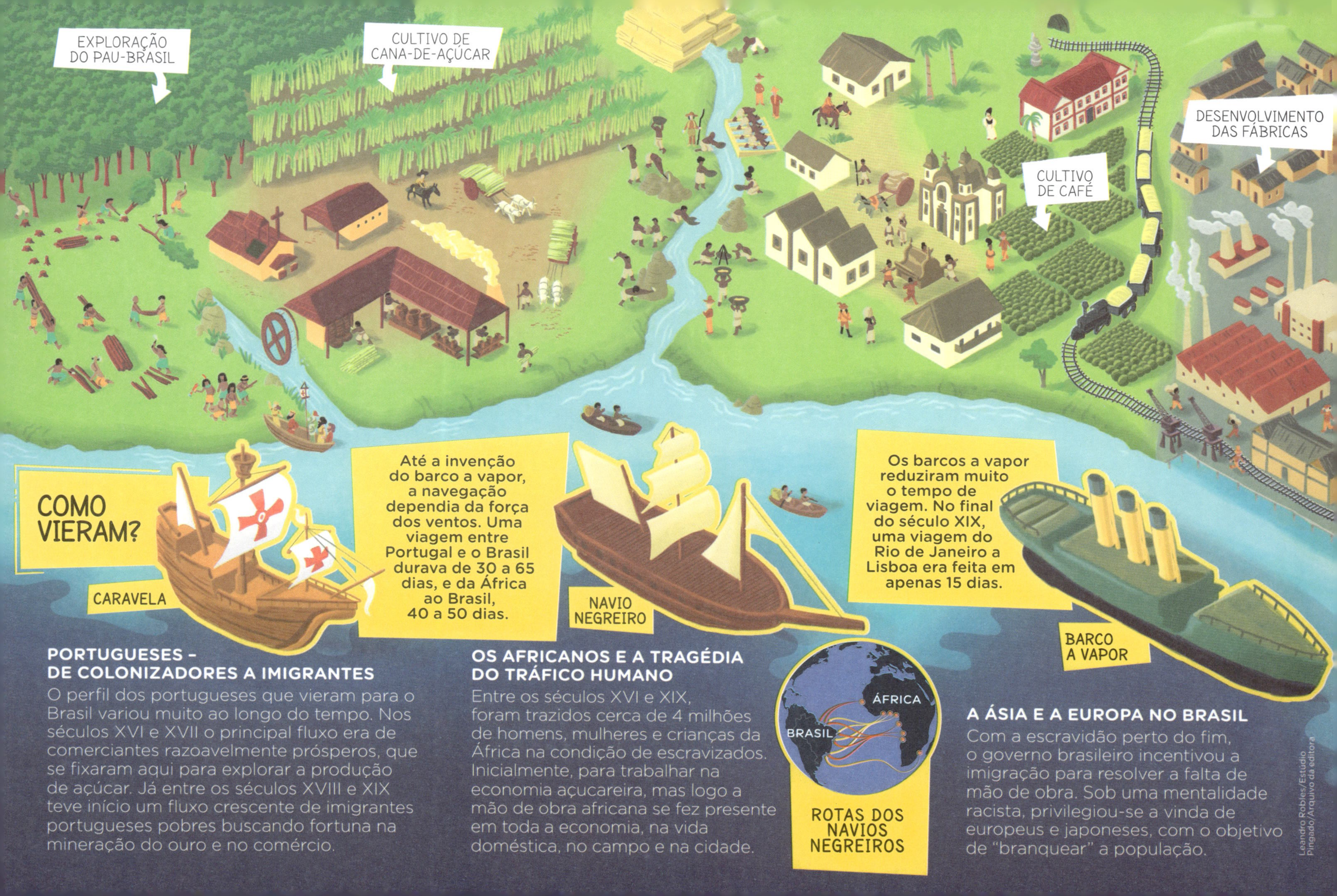
EXPLORAÇÃO DO PAU-BRASIL
CULTIVO DE CANA-DE-AÇÚCAR
CULTIVO DE CAFÉ
DESENVOLVIMENTO DAS FÁBRICAS
COMO VIERAM?
CARAVELA
Até a invenção do barco a vapor, a navegação dependia da força dos ventos. Uma viagem entre Portugal e o Brasil durava de 30 a 65 dias, e da África ao Brasil, 40 a 50 dias.
NAVIO NEGREIRO
Os barcos a vapor reduziram muito o tempo de viagem. No final do século XIX, uma viagem do Rio de Janeiro a Lisboa era feita em apenas 15 dias.
BARCO A VAPOR
BRASIL
ÁFRICA
ROTAS DOS NAVIOS NEGREIROS

PORTUGUESES – DE COLONIZADORES A IMIGRANTES

O perfil dos portugueses que vieram para o Brasil variou muito ao longo do tempo. Nos séculos XVI e XVII o principal fluxo era de comerciantes razoavelmente prósperos, que se fixaram aqui para explorar a produção de açúcar. Já entre os séculos XVIII e XIX teve início um fluxo crescente de imigrantes portugueses pobres buscando fortuna na mineração do ouro e no comércio.

OS AFRICANOS E A TRAGÉDIA DO TRÁFICO HUMANO

Entre os séculos XVI e XIX, foram trazidos cerca de 4 milhões de homens, mulheres e crianças da África na condição de escravizados. Inicialmente, para trabalhar na economia açucareira, mas logo a mão de obra africana se fez presente em toda a economia, na vida doméstica, no campo e na cidade.

A ÁSIA E A EUROPA NO BRASIL

Com a escravidão perto do fim, o governo brasileiro incentivou a imigração para resolver a falta de mão de obra. Sob uma mentalidade racista, privilegiou-se a vinda de europeus e japoneses, com o objetivo de "branquear" a população.

Leandro Robles/Estúdio Pingado/Arquivo da editora

PÁGINA +

BRASIL: FLUXOS POPULACIONAIS (SÉC. XVI A SÉC. XX)

A história do Brasil é marcada pelo encontro de muitos povos e culturas. Apesar de esses encontros terem promovido a diversidade, essa história é também marcada por conflitos, intolerância e opressão.

CHEGADA DE ESTRANGEIROS NO BRASIL

QUEM ERAM?

- portugueses
- africanos
- italianos
- espanhóis
- alemães
- japoneses
- sírios e turcos
- outros

Cada círculo equivale a 4 000 pessoas.

NAVIO NEGREIRO
Estima-se que, para cada quatro africanos desembarcados no Brasil, um tenha morrido durante a viagem, em razão de violência e de maus-tratos.

CORRIDA DO OURO
A descoberta do ouro no final do século XVIII atraiu milhares de pessoas às regiões das minas.

CONTRABANDO DE ESCRAVIZADOS
Contrariando as tentativas de proibição do tráfico a partir de 1820, o fluxo de escravizados se intensificou nesse período, quando 35 mil africanos chegavam anualmente ao Brasil.

DIVERSAS NACIONALIDADES
Entre 1850 e 1950, o Brasil foi um dos principais destinos migratórios do mundo. Mais de 4,5 milhões de pessoas, de diversas origens, vieram nesse período buscar melhores condições de vida e de trabalho.

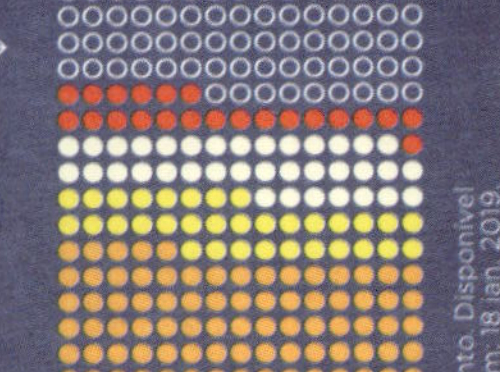

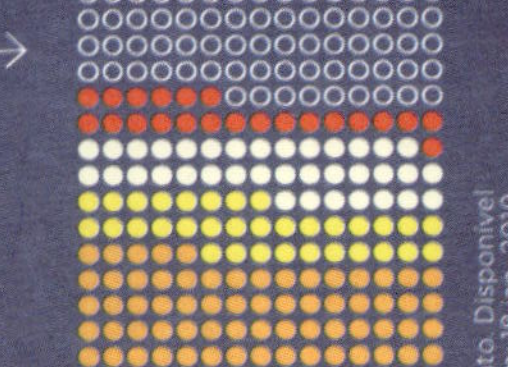
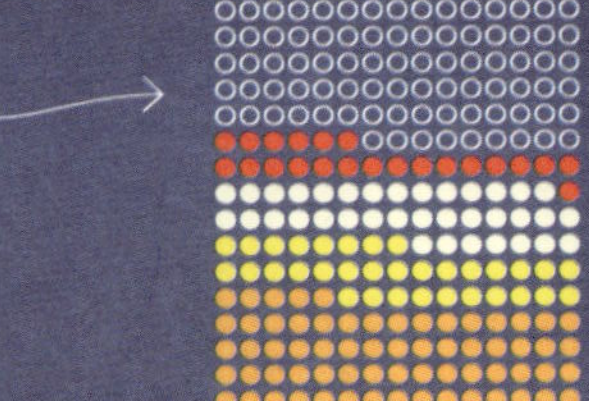
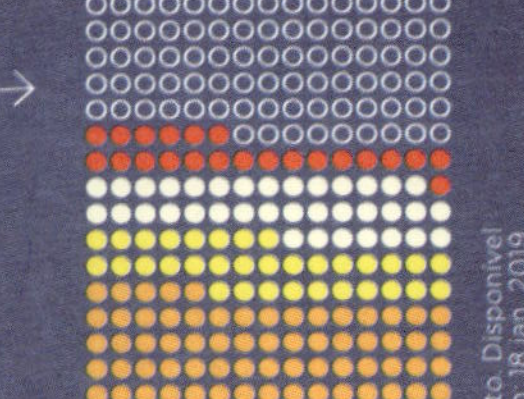

1500-1549 | 1550-1699 | 1600-1649 | 1650-1699 | 1700-1749 | 1750-1799 | 1800-1849 | 1850-1899 | 1900-1949

MINERAÇÃO

FONTE DOS DADOS: IBGE. 500 anos de povoamento. Disponível em: <https://brasil500anos.ibge.gov.br>. Acesso em: 18 jan. 2019.